# 制造网格资源管理理论与应用

张海军　闫　琼　著

知识产权出版社
全国百佳图书出版单位

图书在版编目（CIP）数据

制造网格资源管理理论与应用/张海军，闫琼著. —北京：知识产权出版社，2015.8
ISBN 978 - 7 - 5130 - 3634 - 4

Ⅰ. ①制… Ⅱ. ①张…②闫… Ⅲ. ①计算机集成制造 Ⅳ. ①TH166

中国版本图书馆 CIP 数据核字（2015）第 155947 号

**内容提要**

本书系统地总结了作者在制造网格资源优化基础理论方面的研究成果。全书共 9 章：第 1 ~ 3 章分析了制造网格资源管理中涉及的经济学原理和资源市场特征；构建了制造网格资源市场模型；设计了制造网格资源市场技术堆栈图和基于网格中间件的资源管理系统具体实现框架。第 4 章提出了基于精炼贝叶斯均衡的资源交易诚信机制。第 5 章提出了基于本体的资源描述和基于蚁群的资源发现机制。第 6 章提出了一种资源预留机制与方法。第 7 章提出了基于混沌量子进化的资源调度算法。第 8 ~ 9 章进行了技术验证和实验平台开发，并作全书的总结和工作展望。

本书内容具有先进性、新颖性和实用性，对先进制造技术、生产调度、资源优化和制造业信息化等领域的科研和工程技术人员具有重要的参考价值，也可作为高等院校机械工程、工业工程、管理工程相关专业的研究生教材或参考书。

责任编辑：兰　涛　　　　　　　　责任校对：董志英
封面设计：周云飞　　　　　　　　责任出版：刘译文

**制造网格资源管理理论与应用**

张海军　闫　琼　著

出版发行：知识产权出版社 有限责任公司　　网　　　址：http://www.ipph.cn
社　　址：北京市海淀区马甸南村 1 号（邮编：100088）　　天猫旗舰店：http://zscqcbs.tmall.com
责编电话：010 - 82000860 转 8325　　责 编 邮 箱：lantao@cnipr.com
发行电话：010 - 82000860 转 8101/8102　　发 行 传 真：010 - 82000893/82005070/ 82000270
印　　刷：北京中献拓方科技发展有限公司　　经　　销：各大网上书店、新华书店及相关专业书店
开　　本：787mm × 1092mm　1/16　　印　　张：12.75
版　　次：2015 年 8 月第 1 版　　印　　次：2015 年 8 月第 1 次印刷
字　　数：150 千字　　定　　价：36.00 元
ISBN 978 -7 -5130 -3634 -4

# 前　言

　　制造资源的异构性、地域分布多样性和管理多重性，给制造网格资源管理带来极大挑战。为此，学者们主要通过研究制造网格资源服务封装、信息服务、服务质量（Quality of Service，QoS）和资源优化配置等方面予以解决，但对制造网格资源管理中经济现象与资源价值研究不足，没有构建系统的理论和方法。主要体现在以下方面：①制造网格系统中资源如何交易和定价，如何保证资源信息的可信度？②制造业中知识丰富，用户如何语义描述资源？③当用户不需要遍历所有相关制造资源时，如何实现经验式搜索？④制造网格资源管理系统如何实现资源预留，特别是高效地实现联合预留？⑤如何保障制造网格 QoS 而执行资源调度作业？

　　本书围绕以上制造网格研究中存在的问题，在深入研究制造网格环境下的资源管理基础上，提出了制造网格资源管理体系架构。据此架构，设计了支持多种资源交易模式的制造网格资源市场平台，并系统分析了制造网格资源市场中各种经济现象。针对这些经济现象和制造网格资源的特点，提出了基于经济学的制造网格资源管理整体解决方案并开发了实验平台。本书主要研究工作如下：

（1）分析了制造网格资源管理中涉及的经济学原理和制造网格市场特征；构建了制造网格资源市场模型；设计了制造网格资源市场技术堆栈图和基于网格中间件的资源管理系统具体实现框架；建立了 4 种常用的制造网格市场交易模型；设计了资源共享流程。

（2）提出了基于精炼贝叶斯均衡的制造网格资源交易诚信机制，并对该机制进行建模、求解和分析；对该诚信机制进行仿真实验和结果数据分析。

（3）提出了一种制造网格资源预留机制与方法。研究了制造网格资源预留全生命周期；分析了 3 种网格资源预留模式；设计了制造网格资源联合预留架构，实现了两种制造网格资源预留模式；给出了资源联合预留协商流程和通信 API；重点设计了基于图论的制造网格资源联合预留算法，并对该算法进行性能测试分析。

（4）提出了基于混沌量子进化的制造网格资源调度算法。研究制造网格资源管理对 QoS 的需求；设计了制造网格 QoS 的层次结构模型；设计混沌量子进化算法对满足用户 QoS 需求的制造网格资源调度进行研究，进行多方面的算法性能仿真测试。

（5）开发了面向汽车零部件的制造网格资源管理系统实验平台。尝试在制造网格资源管理平台上实现汽车零部件的产品搜索、生产采购、资源预留与调度等主要功能，打破了地域界限，在全球范围内配置资源。通过实验平台，对本书所提出的制造网格资源管理理论进行完善和修正。

本书主要根据作者攻读博士期间的研究成果并参考该学科发展最新相关文献撰写而成，并得到国家自然科学基金（51275485，U1404518）、航空科学基金（2014ZD55008）、河南省高校科技创新团队支持计划（2012IRTSTHN014），河南省高校科技创新人才支持计划（134200510024，13HASTIT036）、河南省科技厅软科学研究计划（132400410782）、河南省教育厅科学技术研究重点项目（15A630050）、郑州市创新型科技人才队伍建设工程资助计划（112PCXTD350）郑州市科技发展计划（20140583）等资助。在此一并表示衷心的感谢！本书适合理工科大学研究生、博士后和教师阅读，也可供自然科学和工程技术领域、特别是从事制造业信息化相关工作的研究人员参考。

由于制造网格是一门正在迅速发展的综合性交叉研究前沿，涉及的学科多，知识面广泛，非作者等少数几个人的知识、能力和经历所能覆盖，加之作者水平的局限，不妥之处在所难免，敬请广大读者批评指正，并衷心希望在于读者的交流中得到新的知识和力量。

张海军

2015 年 6 月于郑州

# 目　录

# 第一章

## 绪　论

　　制造网格是在网络经济快速发展的背景下产生，并得到广泛研究的一种先进制造模式。与其他先进制造模式的产生和应用背景一样，制造网格的产生也是需求与技术双轮驱动的结果。需求是制造网格模式产生和应用的基础，技术是制造网格模式使能的条件。对制造网格模式的需求一方面来自于市场竞争的压力；另一方面来自企业提高自身资源管理水平的需要。网格技术和信息技术，特别是先进制造技术不断涌现，促进了制造网格这一先进制造模式的理论和应用研究。本章将从研究背景、研究现状及存在的问题、研究目的及意义和主要研究内容、逻辑结构等方面向读者——展开。

# 1.1　研究背景

市场环境的剧烈变化、科学技术的迅速发展，促使制造活动在深度和广度上不断拓展，从而为各种先进的制造模式带来更大的机遇，也使传统的制造资源管理手段受到严峻挑战，需要在先进制造模式下探索灵活、有效的资源管理方法。如图 1 - 1 所示，左边虚线框表示对先进制造系统的挑战方面，右边的实线框表示对先进制造系统的机遇方面，具体分析如下：

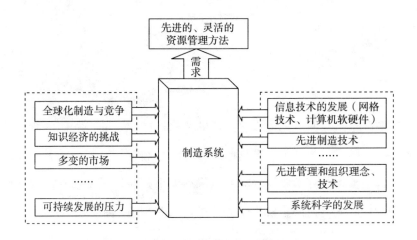

图 1 - 1　制造系统资源管理方法的机遇与挑战

（1）现代的制造系统已经不再仅仅是传统意义上的制造行为了，还包括社会、经济、人文等综合因素，因此必须将制造系统置于社会、经济和人文环境中，使其成为一个复杂的社会化大系统。脱离了经济的制造系统研究将是虚幻的。

（2）制造系统必须体现数字化、柔性化、敏捷化、全球化、低碳经济等新时代特征。数字化、柔性化和敏捷化是快速响应客户需求的前提，这意味着制造系统必须具有动态易变性，能快速重组、快速响应市场需求的变化。全球化是为了在全球范围内组织设计、生产和物流等最优活动，在快速响应市场需求的同时降低运行成本。低碳经济要求企业不仅具备"低碳"生产工艺设备，而且要有"低碳"管理意识，制造系统资源管理优势有利于实现产品生产全过程的低碳管理，包括设计、采购、生产、运输、市场消费者使用、回收等整个全生命周期。

（3）制造系统须满足市场需求驱动的、全球分布式网络化需求。制造系统本质上是一个复杂的社会、经济和人文交互系统，这就要求采用新的有效的管理手段来实现复杂制造系统的动态重组与运行控制。因此，制造企业的组织形态、经营模式和管理机制都需要有全方位的创新。

（4）信息量急剧增长。柔性敏捷化要求、分布式网络化结构及智能化水平的提高，使制造过程中所需接收和处理的各种信息正在呈爆炸式增长，海量制造信息成为制约系统效能的关键因素。

（5）制造系统的复杂性问题变得十分突出。制造系统的复杂性一是来源于系统本身的非线性特征；二是来源于分布式制造系统的自组织、自适应和多自主体在信息共享基础上的分布式协同；三是来源于资源调度决策中"组合爆炸"问题。

为此，制造系统必须结合先进的网络技术、制造技术、信息技术，融合先进制造技术与经济、管理等学科，通过企业间有效的协同、资源共享，才能快速响应动态的市场需求[1]。当前，研究和应用先进制造系统理论已经成为增强国家经济实力与国防实力，提高市场竞争力和可持续发展的迫切要求。

## 1.2 相关概念

### 1.2.1 制造网格

通过网格的概念和技术特征，可以看出，网格技术提供的手段和功能能够很好地满足实施支持制造企业协同的网络化制造系统的需求。因此，将网格技术应用于制造业，基于网格技术构建支持制造企业协同的制造网格，成为一个制造领域的热点研究方向。

制造网格是利用网格技术、信息技术和先进制造技术等，通过 Internet 共享和集成制造资源，克服空间上给企业协同带来的障碍；提供封装和集成等资源管理功能，屏蔽资源的异构性和地理分布性，以服务的方式为制造用户提供资源共享和集成，从而构建面向协同的制造系统的支撑环境；使制造网格环境下运行的虚拟组织（Virtual Organization，VO）能够以成本（Cost）低、时间（Time）短、服务（Services）优、质量（Quality）高、环境（Environment）友好的标准制造出符合动态市场需求的产品[2,3]。

实施制造网格的目的是实现企业间的协同，使企业能够真正实现基于网络的制造。因此，制造网格实施的最终目标是将分散在不同区域，不同企业、组织和个体中的各类资源有效地组织起来，形成一个系统化的制造网络，通过制造网格使用户能够像目前从 Internet 上获取信息一样方便地获取各种制造服务，并形成面向特定制造需求的专业化系统，实现企业间的商务协同、设计协同、制造协同和供应链协同[4]。

从运行方式和形态上，制造网格与目前的 Internet 有很大的相似性，但是由于制造网格的用户主要是制造类型的企业或个人，提供的制造服务与 Internet 提供的信息服务存在很大的区别，主要体现在以下几个方面[5]：

（1）多方协同：在很多情况下，单一的制造资源服务不能独立完成某一制造任务，如对工程机械的加工制造，在制造网格支持下，用户应该能协同多个单位或企业，合作完成零部件制造、总装、调试等任务。

（2）周期长：与信息服务相比，制造服务的周期可能会很长。服务执行时间单位可以为天、周、月、年等。

（3）专业化程度高：由于制造领域涉及大量专业性知识，提供的制造服务多而复杂，服务流程会多样化和灵活化。与 Internet 提供的信息服务相比，制造网格的专业知识密集程度更高。

除了以上方面，范玉顺教授指出制造网格与 Internet 不同之处还包括：互动性、实时性、数据量大和用户多样化。本书认为，随着网络技术的飞速发展，在这些方面已经不存在制造网格与 Internet 之间较大的差异，相反地，Internet 上的用户比未来制造网格用户的类型更多样。

上述特征构成了制造网格的特点，也形成了制造网格技术研究的重点和难点。依靠先进的网格技术和信息技术，从满足企业实际应用需求出发，本书将制造网格环境下的资源管理作为研究突破点，为构建制造网格系统奠定理论基础。

## 1.2.2　资源管理与经济学

实现资源管理是实施制造网格的一个核心内容。制造资源通过网格加入一个动态的市场中，加入的企业能方便地搜寻产品的市场供求信息、搜寻加工任务、发现合适的生产合作伙伴、进行产品的合作开发设计和制造以及产品的联合销售等，即通过制造网格系统进行生产经营业务各种活动，以实现企业间的资源共享和优化组合配置，全球范围内的异地制造，提高设备的利用率，降低企业的固定资产投资成本。在制造网格环境下，通过有效的资源管理快速响应市场的需求，根据需要迅速地与其他企业组成 VO 进行产品的协同设计和制造；组成 VO 的各个企业发挥各自的优势，以 TQCSE 为目标制造出满足用户需求的产品和提供用户需要的服务。因此，可以说制造网格是一个经济全球化的制造业发展方向。

制造网格的实施使得制造企业在生产组织方式、营销方式、信息传递和获取方面都发生了根本的变化。资源管理的主要活动将在虚拟的数字化空间中进行，因此制造网格环境下的资源管理呈现出与传统资源管理不一致的经济特性，如交易费用极大降低、具有规模经济效应和范围经济效应等。这些经济特性的变化，给相应的资源管理活动带来了挑战，制造网格环境下的资源管理必须做相应的变革，主要体现在以下几个方面（见图 1-2）：

1. 组织机构扁平化、网络化和虚拟化

资源管理延伸了人的大脑，使企业的管理力度加大，高层管理者可以和执行者之间建立直接的互动联系，组织机构进而扁平化。每一个脑力劳动者将是企业的基本单位，可以根据工作需要自由组合。企业的制造、研发、销售等数字化、虚拟化后，在竞争的同时引进合作机制，利用 Internet 建立动态的 VO。

2. 经营直接化和角色模糊化

制造网格使生产者与消费者之间可以建立直接的联系，而使中间商失

6

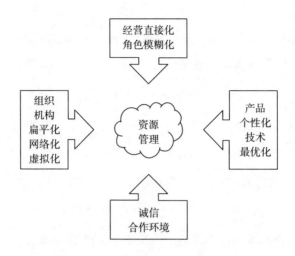

**图 1 - 2　资源管理与经济学效应**

去市场，并密切了资源提供者和资源消费者的关系。资源消费者可以通过网格系统将自己的意见加入生产过程而成为部分生产者，模糊了生产者和消费者间的界限，企业的管理活动将关注整条价值链的核心活动，进行"价值再造"。

3. 产品个性化与技术最优化

通过制造网格系统，企业能快速响应市场的变化，以多品种、小批量满足消费者的个性化需求，迎合消费者个性化需要的定制生产将取代过去的大批量生产方式，企业的研发、生产及销售等整个资源管理过程更加"弹性化"。制造网格中信息传播的快速和获取的方便容易，使不同地域的企业通过网格快速联系起来，各个企业可以充分发挥各自的核心优势，在全球范围内选择最好的企业作为自己的合作伙伴。

4. 诚信的合作环境

在制造网格系统中，任何一个注册的用户，即网格节点，都能够发布资源信息和寻找资源信息。这些信息都将快速在网格系统中传播和被共享。另一方面制造资源的跨文化、跨地域的管理需要企业站在利益相关者的角度，使整体利益最大化并能协调发展，保障制造网格健康的、诚信的市场运行环境。

概括地讲，在网络经济发展的大背景下，制造网格作为一个复杂的系统，在其内部流通着信息流、物流和价值流，如何使制造资源转换和利用过程更加快速、合理、有效，是企业经营者的目标，也是制造网格研究者努力的方向。国内外众多的经验表明，制造业竞争力的提高和改革的成功，不仅仅是技术问题，先进的制造技术还必须有与之相匹配的经济运行模式才能充分发挥作用。

# 1.3　国内外研究现状及发展趋势

## 1.3.1　国内外研究现状

将经济学理论应用于计算机系统资源配置可以追溯到 1968 年 Sutherland 在 PDP – 1 机器中提出的资源分配的拍卖机制[6]，随后被更多地用来解决集群和分布式系统的负载均衡问题。Ferguson 等人探讨了一般均衡理论和 Nash 均衡在分布式资源管理中的应用问题[7]。Waldspurger 等人针对一组联网的异构计算机设计并实现了 Spawn 系统[8]，这是一个面向市场的调度系统。Bogan 使用市场机制进行处理器时间分配，并提出了基于每个时间单元的处理器租用协议[9]。近年来随着网格研究的展开，将价格机制应用于网格资源分配的研究相当活跃[10~14]，出现了一些有代表性的项目，如澳大利亚墨尔本 Monash 大学的 Gridbus /EcoGrid 项目[15]，Buyya 博士等人比较系统地阐述了网格环境中的资源管理、调度与计算经济学[16][17]，计算网格资源管理和调度中的经济模型和基于经济的调度算法，设计了一系列应用组件构架的网格经济学框架 GRACE（Grid Architecture for Computational Economy），并基于 Globus 扩展实现了一个网格应用软件工具包 Nimrod/G[18][19]；美国田纳西大学的研究项目 G – Commerce[20]，提出资源的相对价值根据供需变化而变化，使用市场经济学的商品市场和拍卖模型在网格中进行动态资源分配；Popcorn 是以色列的希伯来大学开发的一个 Internet 范围的计算市场项目，其目标是通过将计算机使用时间转换为抽象的货币 Popcoins，来实现互联网的计算潜力。资源贡献者通过将他们的机器租借给系统获得 Popcoins，然后花费 Popcoins 去购买远程机器的资源[21][22]。其他基于经济学的资源分配的相关项目有：美国普度大学的 Bond 项目[23]，GGF 项目组的 GESA（Grid Economic Services Architecture）项目[24]。

文献［25］论述了制造网格资源管理和计算经济的特点，指出计算经济可以适应制造网格资源管理的特征和需求，提出了一种基于计算经济的制造网格资源管理框架。文献［26］通过利用 Nash 谈判模型，参考投入与收益成正比的原则，实现了对 VO 中各个制造资源节点利益的合理分配，解决了制造网格中利益分配这一非技术因素问题。文献［27］提出了类似于 P2P 方式的支持交易的制造网格资源共享模型，每个节点都需设置核心服务（core service）负责收集资源信息。文献［28］［29］建立了基于利益驱动的制造网格资源管理架构，采用 WSDL 描述 MGeQoS 的属性，使用经济模型中的协商机制进行匹配服务。文献［30］提出了基于范围经济（Scope Economy）的制造系统理论模型，目的是构建一个决策支持系统辅助企业家做出正确决策。

诚信机制对制造网格的应用至关重要，可以说，阻碍目前国内资源网络交易发展的主要瓶颈问题就是诚信机制的缺失或不完善。Charles Handy等人认为缺少诚信就不能建立 VO，诚信是 VO 建立无法回避的问题，几乎所有的交易中都存在一定程度的诚信关系[31]。Arvind Parkhe 等人认为诚信能够降低 VO 组建和解散的交易成本[32]。Morgan 和 Hunt 等人则认为诚信是 VO 的基本运行机制[33]。而 VO 是制造网格中企业协同的主要形式，因此，制造网格对诚信机制有强烈的需求。

在诚信机制方面：文献［34］研究了国内 VO 的诚信关系的特点、作用及影响因素；文献［35］认为诚信关系的建立可以减少合作伙伴的担保需求，并有助于相互调整彼此合作方式和态度，有利于 VO 的稳定性和创造性。文献［36］也将诚信分为三类：基于个性特征的诚信、基于制度的诚信和基于信誉的诚信，同时认为基于制度的诚信更重要，强调博弈的重复性和信息的对称性。传统的诚信机制解决方法分为两种：集中式信任系统[37]是少数中心实体负责收集网络参与实体的历史事务记录信息，计算并公布所有实体的信誉评分的结果；分布式信任系统[38]是每个节点根据其他节点提供的行为评价信息来计算网络中某个节点的信誉度。但由于集中式的信誉信息是静态的、历史的，而且计算复杂，分布式的计算信誉信息时网络通信开销大，故这两种方法都不适用于制造网格环境的动态性和大数据量特性。

在资源描述方面，倪中华等应用 STEP、面向对象和 XML 技术，定义了适用于网格化制造的资源模型标注语言（MRMML），构建了基于 MRMML 的动态自组织制造资源信息模型[39]；张人勇等使用 UML – XML 集成方法建立了针对敏捷虚拟企业的资源模型[40]；石胜友等采用 XML 封装制造网格资源数据与信息[41]；贺文锐等构建了面向制造功能的基于 OWL 的网络化制造资源信息模型[42]；黄艳丽认为在制造领域原来许多资源都是采用 STEP 描述的，而资源的 WSDL 文档是制造网格资源共享的基础，提出以 XML 为中介，实现从 STEP 到 WSDL 的转换[43]。

在资源发现方面，Moreno Marzolla 等人提出在叠加网络（Overlay Network）中采用位图索引（Bitmap Index）索引每个节点的资源属性信息，将查询请求路由转发到候选资源节点上[44]；Noorisyam Hamid 等人采用 Condor 的 ClassAd 和 Google 的 PageRank 技术研究基于质量的网格资源搜索，并考虑到了用户和资源两者的质量和可靠性[45]；Yan Zhang 等人采用 P2P 方法提高资源搜索的可扩展性，使用二叉树方法管理资源节点信息[46]，但是 Trunfio P. 等人明确指出传统的 P2P 搜索技术不适用于网格，因为两者资源的组织方式不同，而且 P2P 仅支持精准查询，网格应用需要多属性和范围查询[47]。目前制造网格大多数采用类似 MDS（Monitor and Discovery Service）的信息服务结构，遍历所有节点达到搜索资源的目的。温浩宇等人认为企业在搜索合适的制造资源时候没有必要将网格中的全部节点都进行匹配，并提出基于多 Agent 的制造网格搜索系统[48]。

在资源预留方面，基于价格的预留模型主要是以网格计算环境为研究背景，如 Foster 等学者在文献［49］［50］［51］中提出了支持资源预留和协同分配的网格资源管理体系架构（General – purpose Architecture for Reservation and Allocation，GARA）。德国的 Roblitz T. 等人详细描述了在网格环境下的模糊的预留请求模型，预留程序通过模型和模型换算用户任务在远程主机上执行所需要数量，并预测任务的开始时间、执行时间、费用等参数[52]。C. Kenyon 等人利用期货模型调节资源的供求关系，计算资源未来的价格，尽管期货模型可以利用经济学中已有的研究成果，但是期货模型不但需要采用集中式计算的方法，而且还要收集资源详细的供求信息[53]。Nimrod/G 中采用了分布式的市场结构，用户采用最短完成时间优先和最低费用优先的算法选择预留资源，与 Roblitz T. 提出的模型一样，设计者没有考虑用户策略对用户资源分配的影响。文献 [54] 虽然没有提出具体的经济模型，但是作者在论文中指出利用价格的方法平衡用户的请求，同时资源提供者可以通过打折的方法鼓励用户采用实现资源预留，就类似于飞机定票一样。文献 [55] 提出了基于服务等级（Service Level Agreement，SLA）协商的模糊制造资源预留技术，着重研究了基于模糊原理的资源预留接纳控制策略，以资源预留率及请求接纳率为决策指标。文献 [56] 提出基于预留策略和任务列表的制造资源预留模型，但没有具体深入的研究。

在资源调度方面，文献 [57] 采用整数规划方法来解决制造网格资源调度问题。然而，此法遇到计算量大的问题时候就需要大型电子计算机，有时制造网格资源组合方案计算量可能会超过计算机的能力，因此整数规划法的低效性制约着其在资源调度中的应用。文献 [58] 以模糊层次分析法与群决策法作为资源调度算法，然而该法中直接评判的权重可能会存在较大的主观误差，群决策法中专家评判值为一定值，与实际为区间值不相符，因此可能会导致决策结果与实际情况相差较远。文献 [59] 采用层次分析法确定各目标权重，设计了基于遗传模拟退火算法的资源调度策略，此法的缺点是需要设置参数较多，实际应用中如何合理设置这些参数为一大障碍。文献［60］采用粒子群算法来解决制造网格资源优化配置问题，此法若初始化参数设置不当，易出现早熟、后期收敛速度慢等不足。

## 1.3.2　现有研究中存在的问题

制造网格的研究集中在制造网格体系结构、资源封装、资源优化配置、信息管理、服务质量和信息安全等方面。而在分布式计算领域，人们已经开始注重经济学理论和经济模型在其资源管理中的应用和研究。计算网格研究者基于分布式计算领域的研究成果，对经济学理论和经济模型在网格这样大型动态系统中的应用也进行了深入的研究，取得了不错的成果，构建了网格经济学框架和参考实现，然而其资源交易模型和资源管理功能不能完全满足制造业对资源管理的多样性需求。

未来制造网格系统中同样存在资源供需关系，与现实世界中的商品经济模型是可以类比的。资源提供者相当于生产商，为用户提供制造资源服务，并从中获利；资源需求者相当于购买者，支付一定的费用获取资源。两者都是利益驱动的，为了获得最大利益而制定各异的资源管理策略。然而，目前大部分制造网格研究忽视了经济学在资源管理中的重要作用。现有的制造网格系统多数是为了学术研究而开发的，强调的是资源的共享和协同工作，而对资源共享过程中所表现出的经济属性没有系统的研究，具体表现在以下几个方面：

（1）制造网格系统中资源如何交易和定价？制造网格资源管理系统需支持哪些交易模式，如何支持这些模式？在资源交易过程中，如何保证质量信息的可靠性？

（2）制造业中知识丰富，用户如何向制造网格系统语义描述资源？用户不需要遍历所有相关制造资源信息时，如何实现资源的经验式搜索，并根据资源的语义描述信息实现逻辑推理？

（3）制造网格资源的预留，强调用户主动地对资源进行选择的行为，更多涉及消费者与生产者之间的交互行为，交易双方的预留决策需要参考资源市场价格等因素。制造网格资源管理系统如何实现资源预留，特别是如何高效地实现联合预留？

（4）如何保障制造网格的 QoS？对于各种工作流情形，如何在满足多样的 QoS 需求下，将候选资源高效地组合去执行复杂制造任务？

以上问题均可归结为制造网格资源管理问题。结合国家自然科学基金项目，本书针对制造网格资源管理中的经济现象与价值实现进行深入研究，研究了基于经济学的制造网格资源管理的基础理论和应用技术，具体包括：制造网格经济学内涵、制造网格资源交易诚信机制、基于语义的制造网格资源描述与经验式发现、制造网格资源的协商预留（包括原子预留与联合预留）、基于混沌量子进化的制造网格资源调度算法、面向汽车零部件的制造网格资源管理系统开发。

# 1.4　研究的目的与意义

未来的制造业是网络化、全球化的，它的总体目标是要达到快速设计、快速制造、快速检测、快速响应和快速重组。制造网格的发展将为充分利用制造业优势资源、改变传统制造业、建立制造服务业、推动制造应用软件产业的发展、建立现代企业创新体系等方面起到重要的作用。制造网格的研究、实施与应用将对促进区域制造群体和产业链竞争力的提高起重要的推动作用。

　　与计算网格相比，制造网格的资源管理系统面临着不同的环境。资源种类多且异构性更强，拥有非常多的用户，而且同时拥有不同市场目标和策略的私有资源，这些特点导致了制造网格资源管理比计算网格资源管理更为复杂和困难。本书围绕制造网格环境下资源管理问题，在分析资源的经济性和管理策略的基础上，主要研究制造网格环境下，采用什么类型的交易模式；系统中各个经济角色的交互关系，如何保证待交易的资源质量信息的可靠性；重点研究针对制造行业某些资源不可立即获取的特性，就如何实现制造资源服务的预留定制并从可预留的资源候选集中，帮助用户筛选出合适的资源来完成任务（并不一定是最佳资源），以较低的成本和较短的开发周期来制造出符合市场需求的高质量产品（即资源调度问题）。旨在实现制造网格环境下，资源动态定价、协商预留，保证资源交易双方的利益和满足 QoS 约束的资源调度，使制造网格系统具有市场运行的雏形。

　　本书探索出了一条制造网格技术与经济学相交叉的研究路线，无论在理论上还是应用上都具有十分重要的意义。书中阐述的制造网格资源管理中的经济现象与原理，可推广至敏捷制造、网络化制造、智能制造等多种先进制造模式，具有普遍的借鉴意义。最后，开发的面向汽车零部件的制造网格资源管理系统实验平台，具有应用参考价值。

## 1.5 主要研究内容和逻辑结构

### 1.5.1 主要研究内容

本书针对当前制造网格研究中存在的问题与不足，根据资源管理与经济学的联系，在以下几个方面进行基于经济学的制造网格资源管理的基础理论与关键技术研究：

（1）制造网格资源管理的定义和框架；

（2）制造网格资源管理中的经济学；

（3）制造网格资源交易诚信机制；

（4）制造网格资源语义描述与经验式发现；

（5）制造网格资源的原子预留与联合预留；

（6）制造网格资源的调度；

（7）制造网格资源管理系统开发与实现。

具体章节安排如下：

第一章：介绍本书产生的背景、来源及研究的目的与意义；分析总结网格相关研究和本书重要概念内涵；给出本书的研究内容及其逻辑结构。

第二章：阐述制造网格资源的特点和制造网格资源管理目标；具体分析制造网格资源的4种管理功能，并将此作为本书后续章节的具体研究对象；研究了各种网格资源管理策略；设计了制造网格系统架构予以支持资源管理功能的实现。

第三章：研究制造网格环境下企业管理模式的变革；分析制造网格中所包含的经济学现象；建立制造网格资源市场模型；设计基于经济学的制造网格资源管理框架。

第四章：提出基于精炼贝叶斯均衡的制造网格资源交易诚信机制，并对该机制进行建模、求解和分析；对该诚信机制进行仿真实验和结果数据分析，用来验证该机制的有效性。

第五章：建立制造网格资源本体描述流程；研究制造网格系统内资源的分类方法；给出基于本体的制造网格资源描述的实现；设计制造网格信息服务模型；重点研究基于蚁群的制造网格资源搜索算法；研究资源发现过程中语义匹配方法。

第六章：设计制造网格资源联合预留架构；构建资源联合预留协商流程和通信 API；重点设计了基于图论的制造网格资源联合预留算法，并对该算法进行性能测试分析。

第七章：研究制造网格资源管理对 QoS 的需求；提出制造网格 QoS 的层次结构模型；重点研究基于混沌量子进化的资源调度算法；给出了量子编码与解码规则，QoS 参数归一化方法；同时设计了适应度函数与惩罚函数。最后，对所提出资源调度算法进行了仿真实验。

第八章：对本书提出的基于经济学的制造网格资源管理理论（包括资源描述、发现、诚信交易、预留、调度）进行实现，开发出制造网格资源管理系统，并以汽车零部件行业为应用对象进行验证。

第九章：对全文进行总结并展望下一步工作。

## 1.5.2  本书逻辑结构

本书的逻辑结构如图 1 – 3 所示，其中绪论是研究内容的引线；制造网格资源管理界定与制造网格经济学分析是研究内容的经济学基础；制造网格资源管理功能分解（包括资源描述与发现、资源交易诚信机制、资源预留、资源调度）是核心理论；面向汽车零部件的制造网格资源管理实验平台是对本书理论的应用验证。

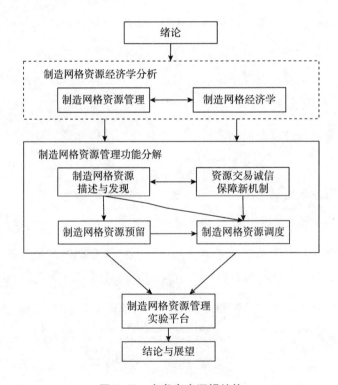

图 1 – 3   本书内容逻辑结构

# 1.6　本章小结

本章介绍了本书产生的背景、来源及研究意义；总结了研究的动态和存在的问题；最后介绍了本书的研究内容，给出了全书逻辑结构和章节安排。

# 第二章

## 制造网格资源管理基础

"制造网格资源管理"是指控制制造网格资源和服务怎样向用户或者代理提供各种功能的一组操作。资源管理关心的不是资源和服务的核心功能，而是这些资源和服务的执行方式、控制策略等。在制造网格环境下，随着越来越多的复杂应用，需要更高层次的资源控制，资源管理的功能必然会渗透到制造网格的基础设施中，本章将系统地分析广泛适用的基本制造网格资源管理功能，构建一个通用的制造网格系统架构，作为后续几章节研究内容的技术体系支撑架构。

## 2.1 制造网格资源的分类

在制造业中，传统上一般将"资源"理解为某种物理实体。例如，机床、模具、生产线等。而本书中的资源表示的是企业完成产品整个生命周期所有生产活动的物理元素的总称[61]，它不仅包括物理实体资源，还包括可数字化的设计服务、报价服务、物流服务等。因此，"资源"概念包含"服务"，这也是为了与面向服务的制造网格体系结构保持一致。

制造网格资源的种类很多，功能各异，共享方式（免费的和收费的）和交易方式（固定价格，协商价格等）也各不相同。为了统一的制造网格资源管理，需要对资源进行分类研究，便于提供相应的发布封装模板。按照资源的类别，前期研究工作[62]将制造网格资源分成九大类，如表 2 - 1所示。在第 5.2 节中将依此分类进行资源本体描述。

表 2 - 1 制造网格资源分类

| 名 称 | 说 明 | 实 例 |
|---|---|---|
| 设备资源<br>（Equipment Resources） | 制造活动中所需要的具有某种功能的物理设备 | 机床、夹具、量具等 |
| 人力资源<br>（Human Resources） | 制造活动中所需要的具有某种操作、管理和技术能力的人 | 设计人员、工艺人员、管理人员、营销人员等 |
| 技术资源<br>（Techmology Resources） | 制造活动中所需要的技术性资源或条件，是制造过程中固化的设计图纸、设计流程、工艺流程、管理流程和营销流程等的集合 | 设计图纸、设计流程、工艺规划流程等 |

续表

| 名称 | 说　明 | 实　例 |
|---|---|---|
| 物料资源<br>（Material Resources） | 制造活动中所需要的物理材料、半成品和成品等 | 毛坯、零部件、原材料等 |
| 应用系统资源<br>（Application Program Resources） | 应用系统是在制造系统的整个生命周期中用到的所有软件资源的集合，可从功能的角度细分为设计系统、分析系统、仿真系统、虚拟现实、三维展示系统和管理系统等 | SolidWorks、Pro/E、CAD、UG、PDM、ERP、CRM 等 |
| 公共服务资源<br>（Public Service Resources） | 是为资源使用者提供各种信息的咨询、培训和维护等 | 国际标准、国家标准、行业标准、企业标准等 |
| 用户信息资源<br>（User Resources） | 记录资源提供者和资源使用者的一些基本信息。如资源提供方的信誉度、规模、员工数量、固定资产、产品特点等，为以后的资源评估、发现和调度提供依据 | 企业、会员等 |
| 计算资源<br>（Computing Resources） | MGrid 环境下计算机的 CPU，存储器等资源也将成为制造资源的一部分，这种资源已超出了传统制造资源的范畴，因此这里将这类资源作为一类包括在制造资源中 | CPU、存储器、带宽等 |
| 其他资源<br>（Other Resources） | 如记账信息、日志信息和公共信息等不被包括在以上所述资源类的所有其他资源的集合 | 记账、日志等 |

制造网格资源比网格计算资源的类型复杂得多，除了具有网格计算资源的特点外，还有如下特点：①分布性；②自相似性；③管理的多重性；④动态性；⑤高度抽象和透明性。制造网格资源的特点决定了制造网格资源管理系统应当屏蔽资源的异构性，保证资源的 QoS，实现资源的本地管理机制和策略，确保资源提供的收益。

## 2.2　制造网格资源管理目标与功能

制造网格资源管理的任务就是把地域分散的各种资源管理起来，使多个资源需求者可以共享调度制造网格系统中的所有资源，资源需求者可以根据任务需要同时或先后使用多个资源。上一章节中指出制造网格资源包含完成产品整个生命周期所有生产活动的物理元素。因此，在一个制造产品全生命周期的过程中需要考虑的决策目标就是制造网格资源管理的目标。本章将具体对制造产品全生命周期中所涉及到的时间（Time）、质量（Quality）、成本（Cost）、服务（Service）、环境（Environment）等目标进行分析。

如图 2-1 所示，制造网格是利用网格、计算机、信息和先进制造等技术的一种先进制造模式，通过有效的资源管理手段，在经营、技术、组织等多方面来协调和优化企业的物流、信息流和价值流，从而达到时间最少、质量最高、成本最低、服务最好及环境友好（TQCSE）的资源优化配置，进而提高企业的竞争能力和应变能力。

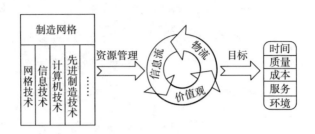

图 2-1　制造网格资源管理目标形成过程

　　制造网格的核心优势在于它能发现、调度并协商使用各种制造资源。本书用"资源管理"这个术语来概括这一过程：描述资源功能、发现资源功能、预留资源功能和调度资源功能，如图 2-2 所示。

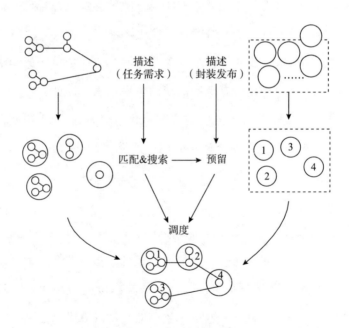

图 2-2　制造网格资源管理过程

　　（1）描述资源功能：资源提供者需将所拥有的资源进行封装发布到制

造网格市场中，用户或者资源代理才能有机会寻找到其资源，让资源需求者知道其所提供的资源能力以及限制条件；而资源需求者则必须根据任务来描述所需资源的要求，如名称、性能、数量等，让资源提供者知道资源将用于什么目的（详见5.1节）；以上两类资源描述信息将由制造网格信息服务器统一组织和管理（详见5.2.2节）。

（2）发现资源功能：在制造网格市场中，资源发现是资源提供者和资源需求者之间的桥梁。对资源的需求信息与资源的提供信息进行搜索和匹配，在巨大资源信息中，为资源需求者提供可供选择的候选资源（集）（详见5.2.3节）。在制造网格资源管理中，搜索和匹配通常交织在一起：识别可能的资源，然后详细匹配制造网格市场中的资源是否满足需求。

（3）预留资源功能：在制造业中，如果希望协调两个或多个资源的使用，那么预留是非常重要的。发现资源并不意味着也得到资源提供者的任何承诺，需要协商、确保资源节点在该时间段内执行调度。预留资源功能使得资源提供者知道未来所拥有的资源如何使用、收益如何，从而提高资源的使用率和经济效益，并保证制造网格的 QoS。一般情况下，制造任务可能需求多个资源来执行，因此多个资源的联合预留是常见的，针对这个情况，本书将在第六章中详细阐述。

（4）调度资源功能：按照制造任务对资源使用的策略，协调所需资源，执行提交的任务。在资源极大丰富的制造网格市场中，调度资源功能需要考虑如何从多个可用的候选资源中选择一个或多个合适的资源来执行任务（详见第七章）。

## 2.3　制造网格资源管理策略

在传统的计算系统中，资源管理得到了较为深入的研究。资源管理器存在于很多计算环境中，包括批处理调度器、工作流引擎和操作系统。这些资源的类型简单、控制策略单一，因此资源管理器能够独立执行高效利用资源所需的机制和策略。然而，在制造网格环境下，资源的交易方式和使用方式千差万别，管理这样环境下的资源难度较大，需要分析指定制造网格资源管理策略，为制造网格系统结构设计提供指导。

目前，众多学者已经对网格计算的资源管理策略进行了研究[63~65]，本书将其分为三大类，从其中找出适合制造网格环境的资源管理策略。

1. 集中式的资源管理

集中式的网格资源管理，如 Legion、Condor、AppLes、PST、NetSolve、PUNCH、XtremWeb 等，当执行用户提交的任务时，由网格系统使用相同的规则将子任务分配给适当的资源节点。它们的目标是增强系统的吞吐量和缩短完成时间，没有考虑资源的价格因素，或者资源定价形式固定、单一。该策略的优点是实施起来简单有效，这也是网格计算研究者首选策略的原因之一；缺点是集中式的资源管理会成为网格系统的一个性能瓶颈，同时资源的价值没有得到充分体现。有人建议建立双网格资源管理器解决性能瓶颈和可靠性差问题[66]，但是随着网格规模的扩大这种方法不能从根本上解决问题所在。

2. 分布式的资源管理

在分布式的资源管理中，没有统一的中央资源管理者。不同用户对QoS 的需求不同，由资源需求者指定子任务的优先级、所需资源数量、完成期限和总预算等相关参数，资源提供者也可以根据自己的策略，接受或者拒绝某些资源的请求，而资源管理系统则根据这些参数发现候选资源节点，并优化组合方案。近年来，不少学者将经济学引入网格计算环境中。通过在网格计算环境中建立一个资源市场，利用市场机制调节供求关系和资源价格，为资源管理提供一个市场化的可行性方案。不仅保证了资源需求者的效用，而且给资源提供者提供了灵活的管理方式，从而也增加了其收益。

3. 复合式的资源管理

顾名思义，这种方式是集中式和分布式资源管理策略的综合。它包含一个全局的资源管理器和若干个本地资源管理器。资源管理过程分为两个阶段：先由全局资源管理器采用集中管理的方式，在当前满足任务需求的候选资源中选择合适的资源来执行任务；当任务分配到本地资源后，再由本地资源管理器使用自定的管理策略进行执行管理。显而易见，这种管理策略经过了两层资源管理，这种情况在制造网格环境中是不存在的。在制造网格系统中，网格节点有两种形式：一是单个物理资源作为一个节点；二是以一个企业的形式（如提供设计、加工、物流多种服务）作为一个节点。制造网格系统只负责将任务分配到网格节点上，不关注企业内部如何进行第二次的资源优化配置，因此制造网格环境中不存在两层资源管理形式。这也是制造资源特点决定的制造网格特性，明显不同于网格计算的管理方式。

　　结合制造网格资源的特点和资源管理目标，本书认为分布式资源管理策略是最适合制造网格环境的。在制造网格研究日渐深入的今天，将经济机制引入制造网格资源管理研究中已迫在眉睫。经济机制与分布式资源管理的融合，为制造网格的市场化运作提供了基础。在这种策略中，用户根据所使用资源的数量、质量和时间等因素支付相应服务费用，资源的价格也由市场来决定。

## 2.4　制造网格资源系统架构

　　明确了制造网格资源管理中的基本概念后，本节将提出一个通用的制造网格系统架构。该架构有两个作用：①标示出制造网格系统的构成，描述各个部分的功能、目的和特点；②描述制造网格系统中各个组成部分之间的关系，如何将各个部分有机地结合在一起，从而保证制造网格有效地运转。下面对该架构的功能分别进行阐述（见图 2-3）：

　　（1）制造网格构造层：其基本功能是将局部资源封装成为可供网格应用层共享的全局资源：在物理资源端，提供该节点资源的调用接口；Web 服务则对资源的各种功能操作定义，并提供标准化访问和管理的接口。可以使用服务本体 OWL-S 和制造网格资源本体来描述 Web 服务（详见 5.1 节）。Web 服务和物理制造资源的绑定就是一个 WS-Resource，这是一个符合 WSRF 规范的网格服务，屏蔽了资源的异构性并富含语义。

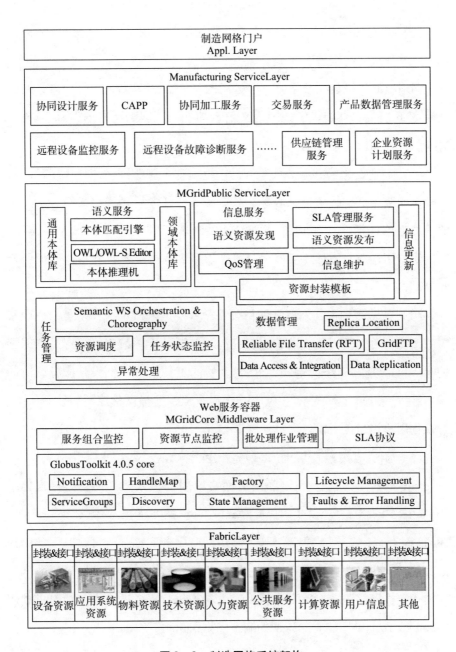

图 2-3　制造网格系统架构

（2）制造网格核心中间件层：也称为网格服务容器，它是一个符合 WSRF 规范的网格服务基本运行环境，将被预先部署在每个网格节点上。制造网格核心中间件实质上是一个扩展的 Web 服务容器，但是，语义网标准为 Web 服务容器提供了处理语义信息的能力。因为所有的 Web 服务由清晰、规范的语言描述的。

（3）制造网格公共服务层：这是一组为整个制造网格系统应用提供共性操作的服务群，包括信息服务、数据服务、任务管理和语义服务。其中的语义服务包括 3 个组成部分：①提供制造资源本体库和服务本体库；②提供应用程序与本体库交互的 API；③提供本体推理机，本体匹配引擎和 OWL – S 编辑器。

（4）制造服务层：在制造网格公共服务层的基础上，开发了制造网格应用系统相关的基于代理的智能工具包，包括基于制造网格的产品数据管理（Product Data Management，PDM）、协同工具集（协同设计服务，协同制造服务，协同商务服务）、供应链管理系统、远程设备控制与诊断系统、可视化用户接口工具等。

（5）制造应用层：借助于领域相关的编程模型（如 CORBA，COM，JavaBean 等），人机交互机制为制造网格应用提供人机界面，如可视化组件 Portlet，Servlet 等。采用 OWL – S 和 Web 服务建模本体（Web Service Modeling Ontology，WSMO）[67] 作为制造网格服务的描述语言，以增加服务语义信息，指导服务注册和发现过程。OWL – S 将联合 OWL 和 WSDL 来共同描述制造网格服务；WSMO 使用 F 逻辑来执行服务的推理。同时可利用 PortalLab Toolkit[68] 建立知识型的制造网格 Portal。

## 2.5　本章小结

　　资源管理是制造网格技术的核心，相对于网格计算来说更具有复杂性和困难性。本章首先分析了制造网格资源的特点，总结制造网格资源管理目标。然后，具体分析了制造网格资源的 4 种管理功能，并将此作为本章后续章节的阐述对象。最后，分析了各种网格资源管理策略，提出制造网格资源管理应采用分布式的结论，并依此设计了一个制造网格系统架构。

# 第三章

---

# 制造网格经济学分析

## 3.1　制造网格经济学定义

北京航空航天大学张兴华指出虚拟组织中涉及经济方面的问题不容忽视[69]。在制造网格系统中，大部分资源共享是有偿的，在不同的时间，由不同的用户，使用不同的资源的费用是不同的，体现了制造网格系统的灵活性和市场性。制造网格系统将资源价格作为资源的一种属性，在资源需求者或任务代理寻找资源时，价格参数可以作为一个重要的经济性指标。制造网格系统还要提供付款、收费告知、保障信息安全隐私等功能。

制造网格经济学是将制造网格资源市场作为研究对象的经济学，或者说以制造网格运行中的经济现象为研究对象的经济学。应用微观经济学理论，对制造网格市场中资源交易过程进行微观经济分析，目的是为制造网格资源管理研究奠定良好的经济学基础。

1. 个人效用最大化（Utility Maximization）

这是一个西方经济学中最重要的假设前提。指的是一个人在符合法律道德并不影响他人利益的基础上，综合各种因素，选择自己能得到最大利益或者最符合自己利益的情况的行为。在制造网格市场中，资源消费者就是想以尽量低的价格，购买质量好的或者附加值高的产品。

2. 有限理性（Bounded Rationality）

诺贝尔经济学奖得主西蒙将其定义为"有达到理性的意识，但又是有限的"[70]。由于人类所处环境的约束和人类自身计算能力的限制，不可能知道全部候选方案，也不可能把所有参考因素考虑到一个效用函数中。在制造网格市场中，大量的资源信息让用户眼花缭乱、无所适从，因而需要系统能帮助用户决策，特别当制造任务较为复杂时。在实际过程中，用户会随自身状态及偏好选择自己最满意的资源，而并非最好的资源，即最满意不一定是最优。为此，本章提出满足 QoS 约束的制造网格资源调度（详见第七章），按照可供选择策略对方案进行排序，突破个人理性的局限性。

3. 需求偏好的多样性（Preferences Diversity）

偏好是指资源消费者和资源提供者按照自己的想法对资源进行组合、排列的意愿。经济学者指出，人类的需求偏好是多样化和复杂的。不同的用户，甚至同一用户对不同的任务所需求的资源功能、性能、成本等都有不同考虑。在收入水平和价格水平既定的条件下，需求偏好对资源的组合、排列起着主导作用。网格 QoS 可定义为一组服务集合的性能参数集，武汉理工大学陶飞博士将制造网格 QoS 的研究拓展到非性能方面，如Trust - QoS[71]，该参数集决定用户对服务的满意程度，因此，网格 QoS 是经济学中"需求偏好"在网格技术中最好的诠释。

制造网格应用对 QoS 的要求比计算网格更高，一般有两种网格 QoS 应用：①资源预留（适于复杂的工作流），根据某工作流对 QoS 的要求来分配制造资源，特别是对于一些稀缺的制造资源（详见第六章）；②服务水平协议（Service Level Agreement，SLA）（适于差分服务），以制造资源 QoS 属性为评价标准，以 SLA 为约束条件，通过资源调度算法为资源消费者提供有质量保证的制造服务[55][72]。当资源需求者有更强烈服务要求时，制造网格资源管理系统会给予优先处理。既能满足用户的需求，又能提高资源提供者的收益。

4. 机会主义倾向（Tendency to Opportunism）

指的是人们借助于不正当手段谋取自身利益的行为倾向。机会主义倾向实际上是对追求个人效用最大化假设的补充。当然，这并不意味着所有的人在所有的时间都以机会主义方式行事，但总有一些人有些时候会采取这种行为使自身的效用最大化。为此，本书从社会契约论的角度分析资源提供者与资源需求者之间的关系，提出基于精炼贝叶斯均衡的制造网格资源交易诚信机制（详见第四章），使制造网格资源调度达到次优状态。

5. 范围经济（Economics of Scope）

指为了满足消费者个性化的需求，在差别产品、灵活制造、小批量生产的基础上形成的规模经济。当一个企业通过调整其全部的生产要素扩大其输出从而降低其平均生产成本时，它就实现了规模经济（Economies of Scale），然而，当继续扩大经营规模时，它就变为非规模经济（Diseconomies of Scale），如图 3 - 1 所示。当企业能够生产两种以上的产品时，它就实现了范围经济。通常，范围经济与单一规模经济相比可获得较高的经济效益。因为为客户定制具有独特性的产品，意味着可以相对掌控产品的价格[73]。个性化需求的形成要求生产企业必须适应快速变化的市场情况，具有敏捷、柔性的生产能力，从而提供差别产品。制造网格作为一种灵活的制造系统，更加突出发展企业的核心技术，使企业的竞争力建立在特色产品和服务上；针对变化莫测的市场，对资源进行快速重组和有效的管理，从而实现范围经济。

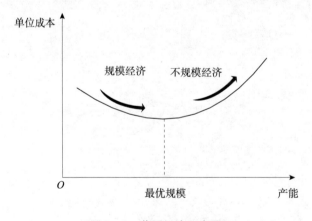

**图 3 - 1　范围经济示意图**

## 6. 市场理论（Market Theory）

前面是将资源提供者和资源需求者分别进行了分析，而市场理论是把两者作为相互作用的整体进行研究。研究不同市场结构下产品价格和产量，以及厂商如何根据市场价格和生产成本组织生产，以实现利润最大化或者成本最小化。在制造网格市场中，资源需求者通过购买资源来满足他们的需求，资源提供者则通过提供资源和服务来获取收益，但无论是资源需求者还是资源提供者都必须通过网格市场中介来达到各自的目标。为此，本书提出各种适合制造网格的资源交易模型（详见第3.4节），作为制造网格环境下资源交易运行机制。

7. 帕累托最优（Pareto Optimality）

帕累托最优指的是不可能通过资源的重新配置，达到使某个人的境况变好而不使其他任何人的境况变差的结果[74]。在图3-2中，曲线 $PP$ 上的点表示在既定技术水平等社会约束条件下充分利用各种社会资源实现最大的两种产品 $R_1$ 和 $R_2$ 产能；曲线 $PP$ 与社会无差异曲线 $WW$ 的交点 $O_B$ 表示社会产出与社会偏好一致，实现社会资源效用最大化。由 $O_A$ 和 $O_B$ 作为顶点的矩形称为艾奇沃斯框图（Edgeworth Box），$I_A$ 和 $I_B$ 表示的是两个资源

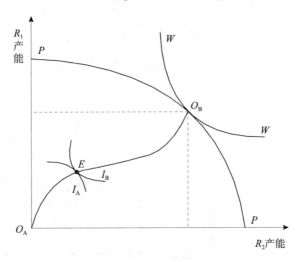

图3-2　帕累托最优

需求者的无差异曲线，点 $E$ 是曲线 $I_A$ 和 $I_B$ 的交点，曲线 $O_AO_B$ 是由无数个 $E$ 点组成的，也称为"帕累托最优曲线"，即曲线 $O_AO_B$ 上的点代表着资源的最优配置。

西北工业大学的吕北生、石胜友等人定义了制造网格市场中帕累托最优的资源配置均衡条件，在资源市场均衡价格下实现资源提供者收益最大化、资源需求者效用最大化和资源市场供需平衡[75]。北京科技大学刘丽等人根据纳什均衡原理，给出时间优先、费用优先、时间－费用优先三种调度算法[76]。

## 3.2 制造网格市场

制造网格市场是实现制造资源共享的基础，包括制造网格系统、资源需求者、资源提供者、制造资源与服务、从事交易活动的在线市场。从交易机制上看，制造网格市场是资源交易的中介；从社会学角度看，制造网格市场是一个由资源提供者、资源需求者、资源代理、第三方、银行等参与者构成的社区。从市场特征来看，制造网格市场与完全竞争市场之间有着非常类似的特征，但制造网格市场的信息不对称问题较传统市场更加严重，因此远未达到完全竞争市场的交易效率。

### 3.2.1 制造网格市场特征

制造网格市场同互联网虚拟商品市场一样，具有以下特征：

（1）制造网格市场是一个虚拟的市场，不需要实体店面，聘用工作人员较少等，与实体资源相并存、相互促进，创造自己的品牌和高信誉度。当然，制造网格系统要保障交易信息的安全和保护个人隐私。

（2）资源交易不受空间的限制。可以解决传统市场中由于价格离散而引起的搜寻成本的问题。制造网格提供的搜索功能，能使资源需求者迅速地获得所需资源的信息，并进行价格、质量的比较，这无疑是降低了由寻找资源而造成的交易成本。

（3）资源交易不受时间的限制。制造网格市场可以做到一天 24 小时，一年 365 天的服务，也就是说企业可以不间断营业，特别是对于数字产品和技术信息服务，在某种程度上可以由人与计算机之间交互完成。

（4）资源交易方式灵活。制造网格市场提供交易双方的沟通途径和交易方式，资源需求者可定制自己的需求资源，可以主动地在市场中寻找满足自己偏好的资源，在资金和时间的约束下使得资源需求者的效用最大化。

（5）制造网格市场是快速交易的市场。买卖双方可以实时互动，及时交流信息；同时进行产品交付、交易结算；制造网格并以动态的方式收集、处理大量资源信息，高效地调度资源。因此，制造网格市场的交易是快速、高效的。

（6）制造网格市场是产品技术创新的市场。企业通过网格系统便捷地建立 VO，通过与遍布全球各地的研发机构、制造单位、供应商、销售商合作，寻求资源的最优配置，快速实现新产品的研发、制造、上市等。

（7）制造网格市场是一个竞争更加充分，垄断难以持久的市场，信息的广泛性和容易获得性，使得竞争对手很难拥有信息不对称带来的竞争优势，所以在制造网格市场垄断往往只是暂时的，迫使企业不断提升企业的竞争力。

（8）制造网格市场有利于中小型企业的发展。在知识经济的时代，产品更新速度大大加快，而且产品是差异化、个性化的，这对于大中小型企业来说都是一样，中小企业可以通过网格市场扩大自己的影响，将产品销售到全球各地。

## 3.2.2 制造网格市场模型

制造网格资源市场使得可供选择的资源信息都得以集中展示，有效地检验各企业的资源实力，自然而然地形成一种市场化的优势劣汰企业对比和选择机制，极大地降低了组建和解散组织的交易成本。同时，制造网格资源市场形成一种公开竞价的市场化定价机制，促进企业之间的公平竞争，降低 VO 运行成本，提高生产效率。

如图 3-3 所示，制造网格市场作为一个公共交易平台，为交易双方提供交易场所、指定交易规则和提供支持交易的网络设备，并通过这一平台将卖方及销售信息、买方及购买信息汇集在一起，直接进行资源搜索和交易，并管理匹配买卖双方需求的复杂过程。侧重于对交易有关数据的收集、整理和分析，为交易者提供有关交易的信息服务，同时也可以为交易提供一定程度的担保，如 eBay 为拍卖提供有限担保，淘宝的先行赔付，等等。

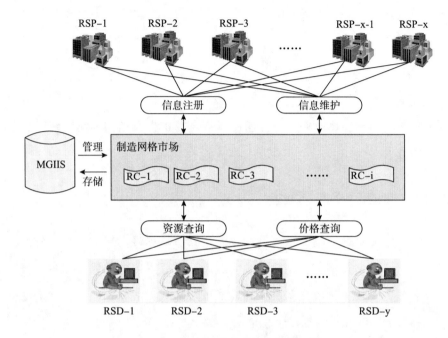

图 3 - 3    制造网格资源市场模型

### 3.2.3    制造网格市场技术堆栈图

制造网格市场作为交易双方的中间组织，通过提供互联网增值服务和集中交易的功能产生规模经济效益和范围经济效益，从而节约成本。为了更好地了解制造网格环境下的市场技术构建基础，本书构建了一个简洁的制造网格市场技术堆栈图，如图 3 - 4 所示。

1. 网格技术与网络协议

这是资源共享、信息传递的基础。定义资源接口、通信协议标准、安全协议等技术标准。目前，国家之间和企业之间的资源共享的技术标准远远达不到统一、差异很明显，这将为资源管理带来不便。相关制造网格的

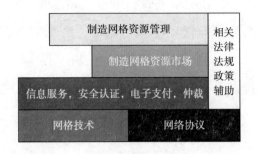

**图3-4 制造网格市场技术堆栈**

研究正致力于统一的制造资源共享国际技术标准，如资源建模、Secure Sockets Layer（SSL）协议、WSRF、网格中间件等。

2. 相关法律、法规与政策

在制造网格资源交易过程中，隐私保护、税务制度、中间服务商法律责任、市场准入、电子合同、物流纠纷、与银行的法律关系，以及法律适用范围等问题，都将成为法律学界的研究范畴。

3. 信息服务、安全认证、电子支付、仲裁

制造资源种类繁多、属性复杂、共享方式多样化、语义丰富，因此资源信息组织形式如何适应网格环境，对于制造网格的应用来说异常重要。本书将在第五章提出一个两层制造网格信息服务模型，MGIIS（Manufacturing Grid Index Information Server）将信息妥善管理、存储，便于增加、删除和修改。

制造网格市场提供电子支付功能。在开放的制造网格平台上，采用数字化方式进行交易支付或资金转移，使得资源交易更加方便、快捷、高效、经济。

安全认证负责合法用户取得访问资源、信息的权限，防止非法用户、

操作、网络攻击篡改信息数据，同时保证传递信息的不可抵赖性。

对于争议资源交易事件，尽量通过网络仲裁予以解决。使当事人以较低的成本解决纠纷，保障制造网格资源市场良性的发展。由于网络仲裁的地域概念淡化，这对上个问题中法律法规政策有地域限制是一个很好的补充。

4. 制造网格资源市场

作为一个信息中介，将资源提供者和资源需求者相关的信息汇集起来，为这些信息增加价值（如 Cookie——小甜饼技术），确保信息的真实性（如建立信用评价体系），同时保证交易双方的隐私不受侵害。制造网格市场可以是不收取费用的（如淘宝网），也可以是收取费用的（如 eBay）。

5. 制造网格资源管理

在上述的基础上，网格用户从市场中买卖资源，结合制造网格资源共享使能技术[97]，实现基于经济学的制造网格资源管理。面向各种制造领域，如加工、汽车、工程机械、电子、装备制造等，通过资源管理系统，提交各种任务，即可享受制造网格带来的便捷服务。

### 3.2.4　基于经济学的制造网格资源管理框架

结合网格中间件技术和多 Agent 技术[77]，本书设计了基于经济学的制造网格资源管理框架。这个框架能支持多种交易模型，便于制造网格用户达成一致的资源服务价格，如图 3 - 5 所示。该框架主要分为 4 个部分：制造网格门户、网格资源管理系统、网格核心中间件和以制造网格市场为中心的功能构件。该框架扩展了计算经济网格框架（Grid Architecture for Computational Economy，GRACE）[17]的资源市场交易功能，如信誉管理系统，仲裁公证方。

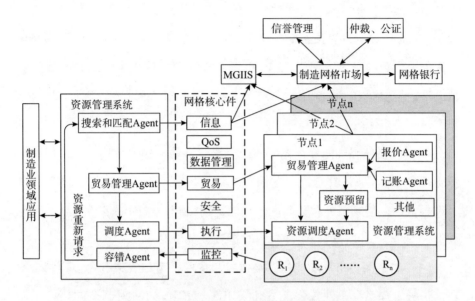

**图 3-5　基于经济学的制造网格资源管理框架**

（1）制造业领域应用：制造用户通过制造网格门户 Portal 来发布资源、封装资源和定义制造任务，实现制造领域的应用。

（2）网格资源管理系统：它是一个多 Agent 系统，资源管理中每一个子功能都可以由单个 Agent 来代理或实现。从制造网格用户的角度可分为：资源需求方网格资源管理系统（Grid resource broker for Resource & Service Demanders，RSDRB）和资源提供方网格资源管理系统（Grid resource broker for Resource & Service Providers）。RSDRB 包括搜索 Agent，智能匹配 Agent，贸易管理 Agent，资源调度 Agent 和容错管理 Agent；RSPRB 包括贸易管理 Agent，资源预留 Agent，资源调度 Agent，报价 Agent，记账 Agent 等。每个网格节点所拥有的物理资源可以抽象为一组逻辑资源的集合，即

$R = \{R_1, R_2, \cdots, R_n\}$。贸易管理 Agent 负责执行制造网格用户的价格策略和交易机制。报价 Agent 负责对个性化需求的用户进行产品快速报价服务。记账 Agent 负责对资源预留和资源调度（即资源共享）中的计费、支付、转账等金融功能。容错管理 Agent 负责对资源调度过程中出现异常或失效情况下的再协调和管理功能，必要时会通知搜索 Agent 和智能匹配 Agent 查询可替代资源。

（3）网格核心中间件：充分利用全球开发的网格关键技术，使网格资源管理多 Agent 系统具有统一的编程接口，具有动态资源监测、屏蔽资源节点异构性、信息服务和资源调度功能。网格核心中间件包括信息、QoS、数据、安全、调度、监控组件，同时扩展了贸易组件。

（4）制造网格市场功能构件集：以制造网格市场为中心，包括网格银行，信誉管理系统，仲裁公证方和 MGIIS。MGIIS 负责对制造网格市场用户、资源、贸易等数据的存储和管理，便于网格系统的信息查询；网格银行[78]作为一个金融机构为网格用户提供相关服务；信誉管理系统负责建立一套完善的信用评价和管理体系，促进制造网格市场的良性发展，避免出现"柠檬"现象；仲裁公证方作为制造网格市场中的第三方，公正、独立、非盈利是他们的主要特色，负责制造网格市场中交易合同、贸易纠纷的网上处理事宜。

## 3.3　制造网格市场中的经济关系与信息不对称

制造网格目的是在最大程度上实现设计、制造、信息、技术等各类资源的共享，以及协同制造过程中物流、信息流、价值流的优化运行[5]。由于物流、信息流、价值流的优化运行而产生的经济效益，与传统的经济效益来源不同，市场参与者的行为也相应地发生变化。比如，竞争领域和竞争手段大有不同。本节将分别从资源需求者和资源提供者两个角度来分析制造网格市场主体的行为特征。

## 3.3.1 资源提供者与资源需求者经济关系分析

制造网格的应用会改变企业内部的整个结构和运行机制，改变企业与企业之间，企业与个体之间及个体与个体之间的连接方式，改变市场中各个经济主体的关系。

本书从资源使用的角度将制造网格市场中的经济主体分为：资源提供者和资源需求者。这两者的关系事实上是居于信息优势和处于信息劣势的市场参与者之间的相互关系。在资源交易活动中，这是相当普遍存在的信息非对称现象。本书从中归纳出两者之间的经济关系：

（1）资源提供者和资源需求者是两个相互独立的个体，且双方都是在约束条件下的效用最大化者。资源提供者在众多可供选择的行为中选择一项预定的行为，该行为既影响其自身收益，也影响资源需求者的收益。资源需求者具有支付报酬的能力，在资源提供者选择行为之前就能确定某种合同，该合同明确规定报酬是资源需求者观察资源提供者行为之后结果的函数。

（2）资源提供者和资源需求者都面临市场的不确定性和风险。交易前，资源需求者不知道资源提供者具体选择哪个行为（即提供什么质量水平的资源、服务）；资源提供者不能完全控制选择行为后的最终结果，因为最终结果是一个随机变量，其分布状况取决于资源提供者的行为。

## 3.3.2　制造网格市场中的非对称信息

这里的信息非对称问题包括不完全信息和非对称信息，它们是经济学中两个非常重要的概念，是第四章制造网格交易诚信机制建立的经济学理论基础。美国 3 位经济学家乔治·阿克洛夫、迈克尔·斯宾塞和约瑟夫·斯蒂克勒由于在不完全信息理论方面的开创性研究成果，共同分享了 2001 年年度诺贝尔经济学奖。

1. 完全信息

传统经济学理论假设市场参加者都拥有关于某种经济环境下的全部知识。例如，用户完全了解资源的质量、效用及价格信息，而资源提供者则可完全预测市场走向及用户的需求偏好等。每个博弈者都知道其他博弈者的策略和报酬，于是全部决策都是在完全确定的条件下进行的最优决策，不存在决策失误和投资风险问题，市场可以出现均衡价格。

2. 不完全信息

在现实经济中，没有人能够拥有各个方面市场的全部知识。这是由于人们对现实中的经济信息难以完全了解（因为信息的传播和接收都是需要花费成本和代价的），以及某些经济主体故意隐瞒事实、掩盖真实信息，使现实经济生活中具有完全信息的市场是不可能存在的。不同市场不同程度地存在着不完全信息，传统市场有这种问题，制造网格市场同样有这样的问题。

3. 非对称信息

非对称信息是不完全信息的一个表现形式。如果市场中一方比另一方掌握更多的关于某资源的信息，这时就称市场的信息为非对称信息。这种情况是广泛存在的，因为知识在膨胀、领域在扩大，不可能每个人都是所有行业的专家，特别是在有技术含量的制造业领域，非对称信息的存在应该是普遍现象。

4. 逆向选择和道德风险问题

由于未来制造网格市场中会存在非对称信息，很可能会出现逆向选择问题（高质量的资源被挤出市场）和道德风险问题（在不违反协议范围内，一方谋求自己利益的动机）。逆向选择（或者称为"柠檬市场"）是事前发生的，道德风险问题是事后发生的。这两种问题将会导致制造网格市场的低效甚至是失败，为此，经济学界普遍认为应该设计一种激励机制来改善这种情况。这也是本书在第四章制造网格交易诚信机制提出的经济学必要性依据，因为鼓励资源提供者根据质量水平设置赔偿价格，可以看作是一个激励手段。

# 3.4  制造网格资源交易

## 3.4.1  制造网格资源交易模型

本章讨论的是几种在制造领域常用的交易模型，而不是人类社会所有的交易方式。

1. 商品市场模型

在商品市场模型中，资源提供者定义所拥有的资源价格。定价策略分为两种：一种是固定的价格，该资源的价格在一定时间内保持不变；另一种是根据供需平衡来调节价格，即供大于求时价格降低，求大于供时价格上升。

如图 3 - 6 所示，资源提供者首先向制造网格市场注册所拥有资源的信息，当资源需求者或资源代理（Resource Broker，RB）查询相关资源信息时，制造网格市场将满足用户需求的资源信息，包括资源提供者信息和资源属性、价格等信息返回给用户。资源需求者选定某一个或多个资源提供者，通知贸易管理器（Trade Manager，TM）下订购单，并按照前面提供的价格来结算。

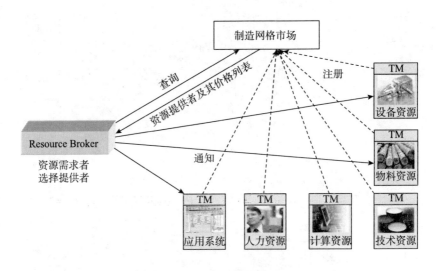

图 3 - 6　商品市场模型

2. 招标模型

资源需求者在制造网格市场上发出招标通知，说明需要资源的名称、数量、规格等具体条件，如图 3 - 7 所示。制造网格市场作为一个中介者，根据招标通知书进行搜索与匹配，邀请符合需求的资源提供者或者 TM 在规定时间内向制造网格市场提交标书。而后，依据评标原则及程序确定中标人，最后双方签订资源交易合同。

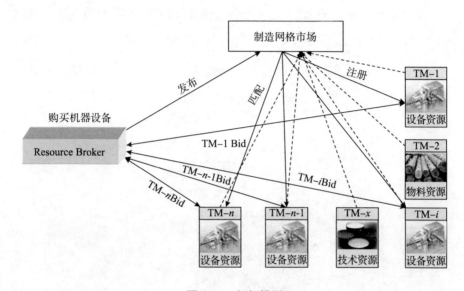

图 3 – 7　招标模型

### 3. 拍卖模型

对于稀有贵重资源或者调度过程中出现冲突的资源，可以采用拍卖模型来出让使用权或者优先权。既可以为资源提供者增加收益，也可以为保证制造网格 QoS 增加一条途径。拍卖模型在基本形式上存在某些不同，包括限时、最低或最高竞投价格，以及用于决定竞价胜出者和成交价格的特别规则。因此，拍卖模型又可分为：英式拍卖（English Auction）、荷兰式拍卖（Dutch Auction）、首价密封拍卖（Sealed First – price Auction）、次高叫价拍卖（Vickrey Auction）等。尽管在拍卖理论中还有其他类型拍卖方式，但在制造行业中，最广泛使用的还是英式拍卖。下面阐述制造网格市场中英式拍卖的实现过程。

在制造网格市场中，某一资源提供者对所拥有的资源进行拍卖，首先为这次拍卖手动设定一个保留价。制造网格市场作为一个中介者，根据招标通知书进行搜索与匹配，邀请符合需求的资源需求者或者 TM 在规定时间内向制造网格市场提交标书，如图 3 - 8 所示。竞投者不需亲自出席拍卖会，他可以采用 RB 来执行竞拍策略，如限定出价最高额和每次竞价上升幅度。拍卖期限一般比现实中的要长，成交时双方要进行电子签证。

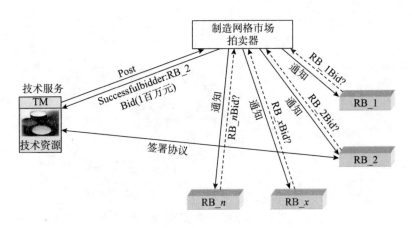

图 3 - 8　拍卖模型

4. 议价模型

议价模型是几种交易模型中最灵活的一种，也是制造资源交易中较常用的一种，如图 3 - 9 所示。很多资源和服务是为客户量身定做的，前期的类似的资源价格并不能作为此次交易的标准，因此，需要买卖双方之间讨价还价，对资源的价格和性能指标协商解决。

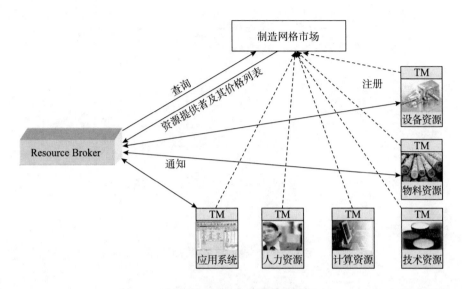

图 3 - 9    议价模型

## 3.4.2    制造网格交易流程

在制造网格市场中，一个完整的资源共享行为都会涉及以下几个步骤（见图 3 - 10）：

（1）资源发布：资源提供者通过发布所拥有的资源信息来刺激人们的购买欲望。制造网格市场就成为一个重要的资源信息交流平台。由于制造资源具有高度的复杂性、多样性和分布性，传统的信息描述方法无法完整地和语义地描述制造资源信息，故发布的资源信息无法全面地反映资源属性，也无法实现搜索的逻辑推理和知识匹配，影响资源发布的效果。为此，本书将在第五章中采用本体技术对制造资源进行语义描述，从而真正实现资源在制造网格市场中无歧义的信息发布。

需要澄清的是"资源封装"并不等于"资源发布"。实现制造网格资

51

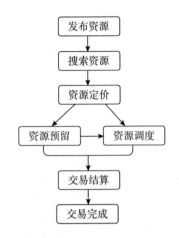

**图 3 – 10　制造网格资源交易流程**

源共享的前提工作包括将制造资源封装为网格服务（Grid Service），提供访问资源的标准接口，便于网格系统调度。因此，概括地说"资源封装"是为了制造资源的调度，"资源发布"是为了制造资源信息的传播。

（2）资源搜索：资源需求者需要发现并仔细比较所需求的资源。在资源发布的基础上，资源需求者才有相关制造资源可搜索，才能够发现资源提供者和其拥有的资源，从而仔细考察资源的各项属性。本书将在第五章中采用蚁群算法对制造资源进行基于经验的搜索，提高搜索效率，节省制造网格用户时间。

（3）资源定价：资源需求者将要决定资源提供者开出的价格是否合适，这可能在双方之间讨价还价之后。为此，本书在第3.4节阐述几种制造网格市场上常用的交易模式，以便于买卖双方交流协商资源价格和支付方式。

（4）资源预留：由于一些制造资源的稀缺性，制造资源不具备即需即获得的特性。为了保证制造网格 QoS，本书第六章研究了制造网格资源预留机制。到预留指定时间时，制造网格资源管理系统开始执行调度资源功能。当然并不是所有制造资源都需预留，资源需求者也可以直接进行第 6 步。

（5）资源调度：制造网格资源交易的目的就是使用、调度资源。由于用户的有限理性和需求偏好多样性，制造网格资源管理系统需提供资源调度方案的效用，给用户一个决策依据。为此，本书第七章研究了满足 QoS 约束的制造网格资源调度。

（6）交易支付：根据上一步商定的支付方式及支付时所采取的手段，买卖双方利用制造网格系统提供的金融平台（如网格银行）进行交易结算。

（7）交易完成：一旦资源调度完成，执行了相关制造任务，整个资源交易也就完成了。

## 3.5　本章小结

本章探讨了制造网格环境下企业管理模式的变革，制造网格是如何应对全球经济化的；然后给出了制造网格经济学定义，分析了制造网格市场中各种经济关系；设计了制造网格资源交易模型和制造网格交易流程，为制造网格资源管理提供了经济化的手段。

# 第四章

## 制造网格资源交易诚信机制

　　由于存在信息不对称和交易成本，人天生就具有机会主义倾向，自利的个人会利用信息不对称进行信息不完整的透露或者是歪曲的透露，有意造成信息方面的误导、歪曲、掩盖、搅乱或混淆，以使个人当前利益最大化[79]。为此，必须设计一种诚信机制来协调制造网格用户的利益，使任一方都不能因现实虚假信息而获利。当然诚信机制并不能完全解决非对称信息产生的各种市场失效问题，但有可能使资源配置达到次优状态，促使制造网格市场良性发展。

　　本章首先介绍信号博弈论，其次提出基于精炼贝叶斯均衡的制造网格资源交易诚信机制，并对模型进行仿真实验，最后对本章进行小结。

# 4.1　博弈论与诚信机制

博弈论（Game Theory）[80]，又称对策论，是研究竞争情况下参与者行为选择的理论；也是参与者如何根据环境和对方的情况变化，采取最优策略和行为的理论。其中的博弈指的是若干个实体在"策略相互依存"的情况下相互影响的状态的抽象表达。在博弈情况下，每个实体的效用不仅取决于自身的决策和行为，还取决于他人的决策和行为，也就是说，个人所采取的最优策略是对他人所采取策略和行为的预期。本章将要采用的博弈论中的基本概念说明如下：

（1）参与人：指的是博弈中选择行动以最大化自己效用的决策主体，如个人、团队、单位、企业等；

（2）行动：指参与人的决策变量，如资源需求者对某产品的购买量；厂商利润最大化决策中的产量、价格，是否隐瞒产品质量等。

（3）信息：指参与人在博弈过程中的知识，特别是有关其他参与人（对手）的特征和行动的知识。即该参与人所掌握的其他参与人的、对其决策有影响的所有知识。

（4）战略：指参与人选择其行为的规则，也就是指参与人应该在什么条件下选择什么样的行动，以保证自身利益最大化。

（5）支付函数：是指参与人从博弈中获得的利益水平，它是所有参与人策略或行为的函数，是每个参与人真正关心的东西，如消费者最终所获得的效用、厂商最终所获得的利润。

（6）结果：指博弈分析者感兴趣的要素集合。

（7）均衡：指所有参与人的最优策略或行动的组合。

制造网格环境下各个网格节点选择交易对象或者合作伙伴时，交易双方或合作双方的决策是相互影响的。最终的选择方案是双方多次博弈和理性选择的结果，因此，博弈论是分析制造网格诚信机制建立的一种有效工具。

博弈论的发展不仅开辟了经济学的一个新研究领域，而且提供了一种分析问题的新工具。它突破了经济学原有的以个人孤立决策的窠臼，侧重于决策主体的相互作用和影响的分析，突出了经济分析中理性人的地位，探讨了个体理性（不合作）产生集体理性（合作）的机制，揭开了个体理性和集体理性矛盾之谜，即个体通过在行为相互作用中不断学习的过程而产生合作的可能性[81]。

制造网格环境下交易双方是选择诚信还是欺骗的行为，总是受到交易对方决策的影响。交易对方的选择是交易者选择行为的主要因素，通过其决策函数进而计算效用函数，从而影响交易双方的决策，即选择诚信还是欺骗或者诚信程度行为。

经济学界将博弈分为4类：完全信息静态博弈，完全信息动态博弈，不完全信息静态博弈和不完全信息动态博弈[82]。具体区别如下（表4-1）：

（1）完全信息静态博弈指的是各博弈方同时决策，且每个参与人对所有其他参与人的特征（包括战略空间、支付函数等）完全了解的博弈。这里的"静态"指的是所有参与人同时选择行动且只选择一次，只要每个参与人在选择自己的行动时不知道其他参与人的选择，就是同时行动。

（2）完全信息动态博弈指的是博弈中信息是完全的，即双方都掌握参与者对他参与人的战略空间和战略组合下的支付函数有完全的了解，但行动是有先后顺序的，后动者可以观察到前者的行动，了解前者行动的所有信息。

（3）不完全信息静态博弈指的是各博弈方同时决策，但至少一个参与人不完全了解另一个参与人的特征的博弈。

（4）不完全信息动态博弈指的是各博弈方先后决策，后动者可以观察到前者的行动，但不完全了解前者行动的所有信息。

表 4-1　博弈四种类型

| 信息　　　　行动顺序 | 同　时 | 先　后 |
|---|---|---|
| 完全掌握 | 完全信息静态博弈<br>（纳什均衡） | 完全信息动态博弈<br>（子博弈精炼纳什均衡） |
| 部分掌握 | 不完全信息静态博弈<br>（贝叶斯纳什均衡） | 不完全信息动态博弈<br>（精炼贝叶斯纳什均衡） |

尽管完全信息在许多情况下是一个比较好的近似，但现实中许多博弈并不满足完全信息的要求。由表 4-1 中知，不完全信息动态博弈模型最符合制造网格资源交易中双方博弈情况。因此，本书采用不完全信息动态博弈作为所提出诚信机制的理论依据，下面给出其战略式表述：

（1）"自然"首先选择参与人 1 的类型 $\theta \in \Theta$，这里 $\Theta = \{\theta^1, \cdots, \theta^K\}$ 是参与人 1 的类型空间，参与人 1 知道 $\theta$，但是参与人 2 不知道，只知道 1 属于 $\theta$ 的先验概率是 $p = p(\theta)$，$\sum_k p(\theta^k) = 1$。

（2）参与人 1 在观测到类型 $\theta$ 后选择发出信号 $m \in M$ ，这里 $M = \{m^1, \cdots, m^J\}$ 是信号空间。

（3）参与人 2 观测到参与人 1 发出的信号 $m$（但不是类型 $\theta$），使用贝叶斯法则从先验概率 $p = p(\theta)$ 得到后验概率 $\tilde{p} = \tilde{p}(\theta \mid m)$ ，然后选择行动 $a \in A$ ，这里 $A = \{a^1, \cdots, a^H\}$ 是参与人 2 的行动空间。

（4）支付函数分别为 $u_1(m, a, \theta)$ 和 $u_2(m, a, \theta)$ 。

## 4.2 基于精炼贝叶斯均衡的制造网格资源交易诚信机制

制造网格资源交易的实现过程，实质上是资源提供者与需求者对对方行为特征及相应的战略进行评价后，使自身的效用最大化的战略选择的博弈过程。目前，在网格技术研究中，博弈论的应用主要集中在网格资源优化配置上[83]，而文中将信号博弈论引入制造网格资源交易中，提出了一种基于精炼贝叶斯均衡的制造网格资源交易模型。该模型类似于文献［84］提出的博弈模型，但是文献中采用的是完美信息动态博弈模型，即假设买卖双方互相知道对方选择的策略。而实际上卖方并不能确定买方具体的购买策略，不完全信息动态博弈模型则可以克服这个缺点，因此，文中采用不完全信息动态博弈模型来描述制造网格中的实际资源交易情况，为解决上述制造网格资源交易中的两个问题提供一个新途径。

在第三章中制造网格资源协商交易框架的基础上，本章提出预防资源提供者质量欺骗行为的诚信机制，如图 4 - 1 所示。

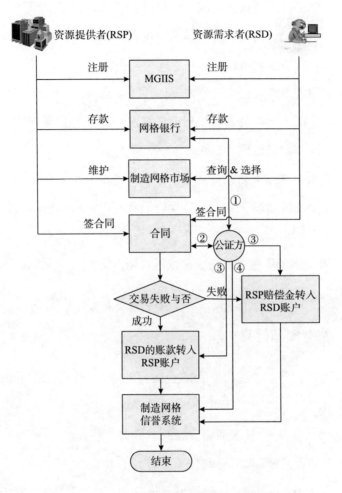

**图 4 - 1　制造网格资源诚信机制管理**

（1）资源提供者和资源需求者在 MGIIS 注册、更新、注销各自的用户信息。

（2）资源提供者和资源需求者在网格银行中存入货币或转账，文中采用的支付机制为预付费（Prepaid）。

（3）资源提供者通过制造网格门户向制造网格市场发布其提供的资源信息，包括资源交易模式、价格信息、承诺的赔偿价格等，以吸引消费者洽谈协商；资源需求者可以搜索、查阅到此类信息。

（4）资源需求者与选中的资源提供者网上签约。

（5）资源需求者将货款转账到第三方监管的账户，资源提供者按照赔偿价格将一定存款转账到监管账户。

（6）在合同规定期限内，如果资源需求者没有进行质量投诉，则第三方将资源需求者的货款存款划归资源提供者帐户，同时将赔偿金额退还资源提供者账户。

（7）无论出现哪种情况均应在诚信管理系统中记录资源提供者和资源需求者的交易信息，作为诚信历史记录。

## 4.2.1  诚信模型建立

日本质量管理专家田口玄一博士认为："所谓的质量是指在收益技能相同的条件下，故障小、动能消耗少、寿命长、效率高，能给用户带来的损失小"。为了讨论方便，假设资源的质量水平为 $q$（$0 \leqslant q \leqslant 1$），$q$ 越大则表示资源质量水平越高，$q$ 趋向于 1 时表示资源趋向"零故障"；文中采用的故障率按照指数分布，记为 $G(q) = \mathrm{e}^{-kq}$，$k$ 为系数且大于 0；资源提供者要价 $P$，承诺的赔偿价格为 $F$；质量成本是质量水平的函数[85]，记为 $C(q) = a_1 \mathrm{e}^{-b_1 q} + a_2 \mathrm{e}^{b_2 q}$，（$a_1$ 表示控制废次品趋于 0 时废次品损失费用，$a_2$ 表示控制质量水平 $q$ 趋向于 100% 时的成本费用，$b_1$ 和 $b_2$ 是指数函数的斜率参数）。考虑到假设的现实意义，其中 $P \geqslant C(q) > 0$，$F > 0$。资源需求者的行为是确定资源交易的成交概率 $p(F)$，而在一般情况下，资源需求

60

者确定的成交概率主要考虑资源质量与价格两个因素，即性价比，在同一要价 $P$ 的情况下资源提供者承诺的赔偿价格 $F$ 越高，资源需求者则认为产品质量水平 $q$ 越高，故越倾向于与其交易，即 $\dfrac{\mathrm{d}p(F)}{\mathrm{d}F} > 0$ ，因此文中给出的 $p(F)$ 形式为

$$p(F) = m\frac{\tilde{q}(F)}{P} + n$$

其中 $m$，$n$ 为调整参数，$\tilde{q}(F)$ 是资源需求者观察到赔偿价格 $F$ 后对产品质量水平的估计，且 $m > 0$，$0 < n \leqslant 1$，$0 \leqslant p(F) \leqslant 1$。

基于精炼贝叶斯均衡的制造网格资源交易博弈模型可以表示为：

（1）"自然"按照某一先验概率密度选择资源的质量水平 $q$，并且让资源提供者知道；

（2）资源提供者会根据 $q$ 向资源需求者承诺赔偿价格 $F$；

（3）资源需求者看到赔偿价格 $F$（不知道 $q$ 的实际值）后确定成交概率 $p$ $(F)$；

（4）资源提供者的收益为 $U(q,F,p(F))$。

定义收益为成交前后的利益增加值，不考虑资金利率。如果没有成交，双方的收益皆为 0。假定资源提供者是风险中性者，资源提供者的期望效用为

$$U[q,F,p(F)] = \{[P - F - C(q)]G(q) + [P - C(q)][1 - G(q)]\}p(F)$$

化简为：

$$U[q,F,p(F)] = [P - FG(q) - C(q)]p(F)$$

同时，资源提供者承诺的 $F$ 应满足 $U[q,F,p(F)] \geqslant 0$，$F$ 的约束条件为

$$F \leqslant \frac{P - C(q)}{G(q)} \qquad\qquad (4-1)$$

## 4.2.2 诚信模型求解

就纯战略均衡来看，该模型可能有混同均衡、分离均衡和准分离均衡。对照所要解决的问题，文中的目标是求该模型的不完全信息动态博弈的分离均衡解，即越是高质量的产品，资源提供者就越愿意承诺较高的赔偿价格。

按照精炼贝叶斯均衡的要求，在均衡的情况下，第 4.2.1 节中的（2）和（3）是按照资源提供者和资源需求者的最优行为进行的。资源提供者的行动是类型依存的，传递着有关自己类型的某种信息，资源需求者可以通过观察资源提供者所选择的行动来推断其类型或修正对其类型的先验信念（概率分布），然后选择自己的最优行动。资源提供者预测到自己的行动将被资源需求者所利用，就会设法选择传递对自己最有利的信息，避免传递对自己不利的信息。

假设 $U$ 对 $F$ 的偏导数存在，令 $\frac{\partial U}{\partial F} = 0$ ，即

$$\frac{\partial U}{\partial F} = \left[ P - FG(q) - C(q) \right] \times \left( \frac{\mathrm{d}p(F)}{\mathrm{d}F} \right) - G(q)p(F) = 0 \quad (4-2)$$

假设资源提供者选择 $F$ 时，资源需求者观察到 $F$ 后认为该资源水平类型为 $q$ 的概率（后验概率）为 $\tilde{p}(q \mid F)$ ，则资源需求者认为资源提供者提供的资源质量水平类型的期望值为 $\tilde{q}(F) = \int_0^1 q\tilde{p}(q \mid F)\mathrm{d}q$ ，其中 $\tilde{p}(q \mid F)$ 由贝叶斯公式给出：

$$\tilde{p}(q \mid F) = \frac{p(F \mid q)p(q)}{\int_0^1 p(F \mid q)p(q)\mathrm{d}q}$$

在资源需求者观察到信号 $F$ 的信息集上，他们的信念 $\tilde{p}(q \mid F)$ 满足：

$$\int_0^1 \tilde{p}(q \mid F)\mathrm{d}q = 1$$

在分离均衡下，资源需求者从承诺赔偿价格 $F$ 能正确地推断出 $q$，即当 $F(q)$ 是质量水平 $q$ 的资源提供者的最优选择，则有 $\tilde{q}[F(q)] = q$

$$\frac{\mathrm{d}\tilde{q}[F(q)]}{\mathrm{d}q} = 1$$

事实上，分离均衡下有 $p[q \mid F(q)] = 1$，$p[q' \mid F(q)] = 0$，其中 $q' \neq q$，故：

$$\tilde{q}(F) = \int_0^1 q'\tilde{p}(q \mid F)\mathrm{d}q' = \int_0^1 q'p[q' \mid F(q)]\mathrm{d}q'$$

$$= \int_0^1 q'\delta(q' - q)\mathrm{d}q = q$$

$\delta$ 为克朗内克函数：

$$\frac{\mathrm{d}\tilde{q}(F)}{\mathrm{d}F} \cdot \frac{\mathrm{d}F(q)}{\mathrm{d}q} = 1$$

$$\frac{\mathrm{d}\tilde{q}(F)}{\mathrm{d}F} = \left(\frac{\mathrm{d}F(q)}{\mathrm{d}q}\right)^{-1} \tag{4-3}$$

代入求偏导公式，可得：

$$\frac{\partial U}{\partial F} = \frac{m[P - F \cdot G(q) - C(q)]}{P} \times \left(\frac{\mathrm{d}F(q)}{\mathrm{d}q}\right)^{-1} - G(q) \cdot p(F) = 0$$

$$\frac{\partial U}{\partial F} = \frac{m[P - F \cdot G(q) - C(q)]}{P} \times \left(\frac{\mathrm{d}F(q)}{\mathrm{d}q}\right)^{-1} - G(q) \cdot \left(m\frac{q}{P} + n\right) = 0$$

将 $C(q)$ 和 $G(q)$ 带入上式，解此微分方程得：

$$F^* = y(q) = \frac{m\left( \dfrac{P}{k}e^{kq} - \dfrac{a_1}{k-b_1}e^{q(k-b_1)} - \dfrac{a_2}{k+b_2}e^{q(k+b_2)} + O \right)}{mq + nP} \quad (4-4)$$

其中 $O$ 为积分常数，给定一个 $O$ 对应一个博弈。

记 $\tilde{q}(F) = q = y^{-1}(F^*)$，因此在"理性预期"的观察下（分离均衡下能准确识别身份），资源提供者的效用为：

$$U[q,F,p(F)] = [P - FG(q) - C(q)]\left[ \frac{my^{-1}(F^*)}{P} + n \right]$$

资源提供者承诺的赔偿价格曲线，如图 4 - 2 所示，曲线 $L_1$ 代表式 （4 -1），曲线 $L_2$ 代表式 （4 -2），两曲线相交于 $M(q_0, F_3)$ 点。当资源提供者提供的产品质量水平 $q < q_0$ 时，资源提供者最佳的赔偿价格 $F^*$ 使得期望效用 $U$ 小于 0 （$L_2$ 位于 $L_1$ 之上），故文中认为制造网格系统中没有质量低于 $q_0$ 的产品，只考虑质量水平大于 $q_0$ 的情况。在图 4 - 2 中，$F_1$ 表示质量水平为 $q$ （$q > q_0$） 时资源提供者满足方程 （2） 的承诺赔偿价格最大值；$F_2$ 表示质量水平为 $q$ 时资源提供者满足方程 （2） 的承诺赔偿价格 $F$ 最优值 （质量水平为 $q$ 时资源提供者最大的效用）。由曲线 $L_2$ 可以看出，$F^*$ 的取值范围为 $[F_3, F_4]$，故认为资源提供者承诺的赔偿价格低于 $F_3$ 的成交概率为 0，高于 $F_4$ 的成交概率为 1，因此，资源需求者确定资源成交的概率相应调整为：

$$p(F) = \begin{cases} 1, & F > F_4 \\ m\dfrac{\tilde{q}(F)}{P} + n, & F_4 \geqslant F \geqslant F_3 \\ 0, & F < F_3 \end{cases}$$

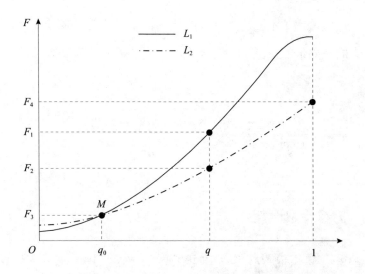

图 4-2　资源提供者承诺的赔偿价格曲线

## 4.2.3　诚信模型分析

（1）模型将制造网格资源市场的博弈方仅定义为资源需求者和资源提供者两个主体；所有的资源需求者策略相同，所有的资源提供者策略也相同。现实中可能存在对多个企业之间的博弈，也可以把上述模型推广至多个主体之间的博弈。

（2）模型假设市场中某种资源的不同资源提供者要价相同，均为 $P$。否则，资源需求者就可以根据资源提供者的要价来区分其提供资源的质量水平，因此，尽管不同的资源提供者提供的资源质量水平不同，但假设所有资源提供者对同一资源的要价都相同。

（3）为便于分析资源交易情况，文中假设交易资源的数量为 1 来建模，但其他数量的交易情况原理相同。

（4）模型考虑了不同质量的资源成本因素。因为不同质量产品的成本不同，在同一要价的情况下利润也不同，所以必须考虑成本因素。

# 4.3  诚信机制仿真实验

## 4.3.1  仿真参数设置

实验采用 Matlab V7.1 作为仿真工具，CPU 为 P4、主频 2.93GHz、内存 2GB、操作系统 Windows XP SP2 的个人计算机作为仿真平台。

某工程机械厂需求某类零部件，该类零部件供应商都提出在 $P=13.50$ 元时可以交易。一批供应商（资源提供方）与工程机械厂（资源需求方）进行博弈。在制造网格系统中，不同产品质量的供应商承诺不同的赔偿价格。其他相关参数设置为 $O=1.00$，$m=13.095$，$n=0.03$。根据供应商产品数据，经统计计算得出 $a_1=2.64$，$b_1=0.98$，$a_2=0.31$，$b_2=3.35$，$k=5.00$，即产品成本 $C(q)=2.64\mathrm{e}^{-0.98q}+0.31\mathrm{e}^{3.35q}$，故障率 $G(q)=\mathrm{e}^{-5q}$。根据以上交易诚信模型，不同产品质量的零部件供应商的期望利润分布如图 4-3 所示。

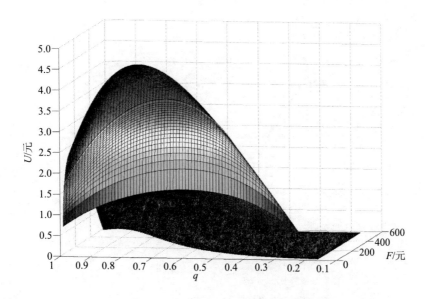

图 4 – 3　资源提供者的期望利润分布

## 4.3.2　实验结果分析

为了具有代表性，$q$ 分别取 0. 38、0. 68 和 0. 98 3 个值来说明模型的有效性，如图 4 – 4 所示。图 4 – 4 （a） 所示为供应商所销售的零部件质量水平 $q = 0. 38$，赔偿价格 $F$ 在区间 $[0, F_1]$ 上每间隔 2 元，模拟的共 36 次交易机会时的供应商期望利润分布情况，供应商在 $F_2 = 34. 59$ 元时取得最大期望利润 $U = 2. 15$ 元；在图 4 – 4 （b） 显示供应商所销售的零部件质量水平 $q = 0. 68$，赔偿价格 $F$ 在区间 $[0, F_1]$ 上每间隔 10 元，模拟的共 28 次交易机会时的供应商期望利润分布情况，供应商在 $F_2 = 84. 82$ 元时取得最大期望利润 $U = 4. 35$ 元；在图 4 – 4 （c） 中，是供应商所销售的零部件质量水平 $q = 0. 98$，赔偿价格 $F$ 在区间 $[0, F_1]$ 上每间隔 20 元，模拟的共 29 次交易机会时的供应商期望利润分布情况，供应商在 $F_2 = 193. 89$ 元时取得

最大期望利润 $U = 2.73$ 元。

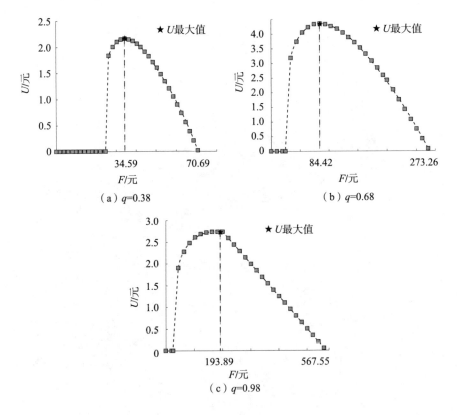

图 4-4　$q$ 取不同值时资源提供者的期望利润分布

由此可知：

（1）当资源提供者承诺的赔偿价格为最优值 $F_2$ 时，所获得的期望利润是最大的；

（2）资源提供者承诺的最佳赔偿价格 $F_2$ 随着资源质量水平的增加而增加；

（3）资源提供者追求自身利益最大化的行为，使得资源需求者有理由根据赔偿价格的高低来判断资源质量水平；

（4）当承诺赔偿价格 $F$ 超过 $F_1$ 时，资源提供者的期望利润是小于 0 的；小于 $F_3$ 时其期望利润等于 0。这种情况符合现实：承诺赔偿价格太小的话，没人愿意购买，而销售者也不会无限制提高承诺赔偿价格，这样会让他们承担出现故障发生巨额赔偿的风险。

因此，这是一个稳定、合理、资源提供者不会主动偏离的精炼贝叶斯均衡，意味着只要给出相关的规则（如何确定成交可能性），资源提供者就会在利益驱动下，主动、如实地以某种方式（承诺赔偿价格）向资源需求者提供资源质量信息而不会恶意欺骗。

## 4.4 诚信机制的实际管理意义

（1）上述博弈模型是针对于一次性交易或者交易双方第一次接触的情况下建立的诚信保障机制。对于多次交易的情况，由于存在长期的利润分布，博弈模型和结果是不同的。

（2）上述博弈模型将一定金额的账款作为企业行为的担保，在实际中，企业的信誉也是一种极佳的担保品。因为信誉是企业长期投资的结果，它的建立是长期而艰难的，被破坏后要修复它是极其困难的。如果出现机会主义倾向，其整个企业信誉将会受到损害。虽然合作方不能直接得到相应的赔偿，但其实信誉的损失也是作为一种惩罚性措施来约束违约方。

（3）上述博弈模型是一种事前防止欺骗的方法，让资源提供者感知违约处罚的力度；诚信管理系统记录此次交易情况，为评估交易双方的信誉提供数据支持，从事前预防欺骗的发生。

（4）一个完善有效的诚信体系，不是采用某一个机制和技术就能够达到的，还必须发展完善认证机制、授权机制、加密技术和相关法律法规，共同保障制造网格市场的良性运行。认证机制的作用有两点：一是证实自己的身份，向其他网格节点表明自己的合法性。二是防止抵赖行为。授权机制的作用为向网格用户授权访问资源的许可。加密技术是为了交易信息内容的安全性，防止信息传递过程中被窃密或者更改。相关法律法规是明确交易双方之间权利与义务关系的国家强制性规定，维护交易秩序，保障守信方的合法权益。

# 4.5　本章小结

在制造网格资源协商交易框架的支持下，结合博弈理论，本章提出了一个基于精炼贝叶斯均衡的制造网格资源交易模型，并对模型进行了求解。该模型实质上是一个不完全信息动态博弈模型，最符合资源交易的实际情况。理论分析和仿真结果表明，该模型能够有效解决网格环境下资源请求方如何辨识提供方的资源质量问题，为解决制造网格环境下资源信息不对称引起的两个问题提供了一个新的办法。

# 第五章

----------------------

# 制造网格资源描述与发现

资源描述是实现制造网格资源管理的基础，为匹配、搜索、预留和调度等制造网格资源管理功能提供数据支持。本章采用本体技术实现制造网格资源数字化描述，研究制造网格资源本体的构建方法并建立制造网格资源本体库；在此基础上实现基于本体的资源匹配；最后采用蚁群算法来实现经验式的资源发现，减小搜索范围，提高搜索效率。

## 5.1 基于本体的制造网格资源描述

在面向服务的制造网格系统中，制造资源都是以服务的形式共享的，那么应如何描述资源以使这些制造资源成为计算机可以识别或控制的对象，是制造网格资源管理的首要工作。由于制造网格环境下制造资源的特点，所提出的方法共性是对制造资源的描述缺少语义、不统一、不完整及扩展性差等方面做出努力。因此，研究制造网格环境下资源的描述显得尤为迫切。目前，制造资源的研究内容和描述方法仍存在以下不足：

（1）学者们对敏捷制造、网络化制造、虚拟制造、并行工程等多种先进制造模式下的资源建模进行了大量的研究，但是很少有适应于制造网格环境的制造资源模型；

（2）对制造资源缺乏统一完整的定义和语义信息，通常采用的 STEP 标准本身缺乏统一的资源描述，XML 语言仅在语法上能实现资源信息的共享和交换，RDF 和 RDF Schema 在表达能力和逻辑严格性、完整性上存在不足。

根据制造网格资源描述的要求，解决以上资源描述方法的不足，本书提出基于本体的制造网格资源描述研究。

## 5.1.1　制造资源本体描述流程

本书提出的制造网格资源本体属于领域本体的一种，用于捕获制造领域内的知识，提供该领域内容的共同理解，确定该领域内共同认可的词汇，并从不同层次的形式化模式上给出制造资源相关词汇和术语之间相互关系的明确定义。

在特定应用领域中的开发本体过程还是比较复杂的，由于本体工程到目前为止仍处于相对不成熟的阶段，每一个工程都具有自己独特的方法。例如，"骨架"法[86]，TOVE[87]，Bernaras[88]，METHONTOLOGY[89]，SENSUS[90]

等。根据制造网格资源管理的需求，本书提出制造领域的资源本体构建流程（见图 5 – 1）：

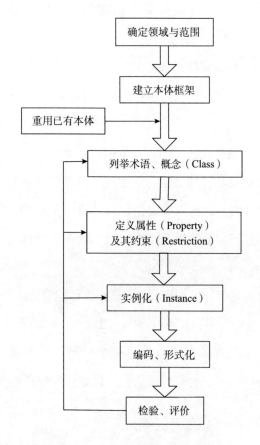

**图 5 – 1　制造网格资源本体建模流程**

（1）明确构建的资源本体要覆盖的领域，以及它的系统开发和维护需求；

（2）对制造网格环境下制造资源进行分类，从抽象到具体逐级划分，形成资源类层次结构，得到资源本体框架；

（3）考虑是否可以重用现存的资源本体库，节省成本和缩短开发时间；

（4）按照资源本体框架列举出制造网格环境下资源领域的术语、概念；

（5）根据制造网格环境下资源的特性和使用要求，确定相对应类的属性及其约束（即属性值的类型，type；值的范围，allowed values；值的基数，cardinality）；

（6）选择恰当的类创建个体，并依据约束条件给其相应的属性赋值；

（7）选用合适的本体描述语言对上述建立的资源本体进行编码、形式化。资源本体模型的形式化可以提供比自然语言更严格的格式，可以增强机器的可读性，进行自动翻译及交换，便于资源本体模型自动进行逻辑推理及检验；

（8）检验和评估所建资源本体是否满足本体的建立准则，资源本体中的术语是否被清晰地定义了，资源本体中的概念及其关系是否完整等问题；

（9）经过检验与评价后对资源本体进行不断的修改、完善和维护工作，这个反复迭代的过程将贯穿于资源本体建模的整个生命周期。

## 5.1.2　制造网格资源的层次模型

在前期研究中[62]，把制造网格资源分为 9 类，即人力资源（Human Resources）、设备资源（Equipment Resources）、技术资源（Technology Resources）、物料资源（Material Resources）、应用系统资源（Application System Resources）、服务资源（Service Resources）、用户信息（User Information）、计算机资源（Computer Resources）和其他相关资源（Other Resources）。

为了建立制造网格环境下制造资源本体模型，根据上述制造资源的分类，首先，定义九大抽象资源超类，然后，需再定义资源超类的子类，如设备资源超类包含：机床、夹具、模具、锻压铸造设备、焊接切割设备、实验机械设备、纸加工设备、包装设备、印刷设备、医疗设备、纺织设备、化工设备、食品加工设备、塑料加工设备、检测设备、工程建筑设备、压缩分离设备和其他未分类的设备；其中每个资源子类又包括各自的资源子类，如检测设备包括：检测仪、分析仪、定位仪、频谱仪、磁粉探伤仪、光泽仪等（见图5-2），然后采用 OWL DL 中的 Subclassof（父子关系），disjoinwith（互不相交性关系），Equivalent Class（同义关系）来构成这些资源类的层次结构，并通过 Union Of, Complement Of, Intersection Of 描述资源类之间的逻辑组合关系。在上述制造资源分类的基础上，结合面向对象的思想，构成一个以 MGRS（Manufacturing Grid Resources）为根类的制造网格资源概念关系模型图，如图5-3所示。

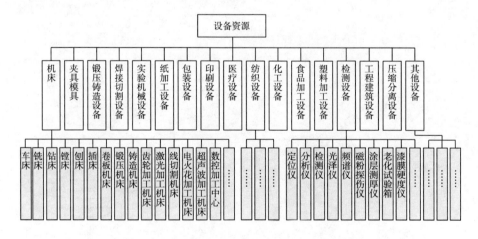

**图5-2 设备资源子类层次模型**

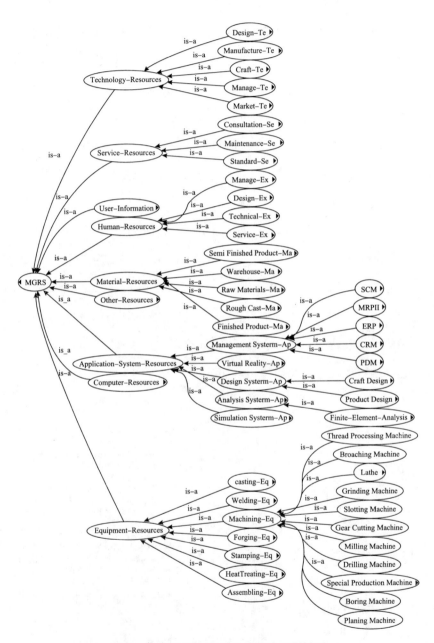

**图5-3 制造网格资源本体概念关系模型**

### 5.1.3  制造网格资源的属性

定义属性及其约束是建立资源本体极为关键的一步，它直接关系到下一步的实例化过程和资源本体的完整性。制造网格资源的属性是多种多样的，属性和约束的选择应根据资源的特性和使用目的及要求来决定，始终围绕制造网格为用户提供优质、快捷、经济、安全的制造资源服务的中心思想。由于制造资源种类繁多，并且其属性标准不统一，建立各业界用户都认可的制造资源本体模型是一个艰难而又漫长的过程。本书尝试从描述设备资源属性为突破点，提出一种可行的、有效的制造网格资源属性定义方法。

参照 5.1.2 节制造网格资源本体模型分类，首先，从最底层子类资源中抽象出超类设备资源的共有属性，如图 5-4 所示。设备资源类共有属性

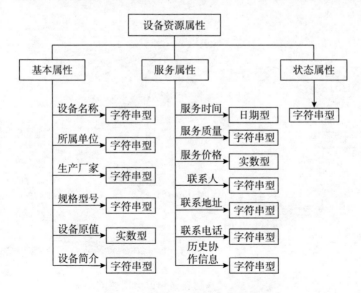

**图 5-4  设备资源类共有属性模型**

可分为：基本属性、服务属性和状态属性。其中基本属性主要为用户提供该设备的主要概况信息，包括设备名称、所属单位、生产厂家、规格型号、设备原值和设备简介；服务属性主要为用户提供该设备的合作服务参数信息，包括服务价格、服务时间、服务质量、联系人、联系地址、联系电话及历史协作信息；而状态属性主要描述该设备资源的状态信息，可分为占用、空闲和维修三种状态。

其次，定义资源的能力属性。针对设备资源的子类资源层能力属性，选择该类资源的下一层资源主要技术参数作为能力属性信息。限于篇幅，本书只举例介绍设备资源子类机床的能力属性建立过程（见图5－5）。机床设备资源能力属性包括：行程参数、工作台参数、精度参数、进给速度、主轴参数、马达功率、刀具信息、机床尺寸、控制器、自动换刀系统、机床总功率。

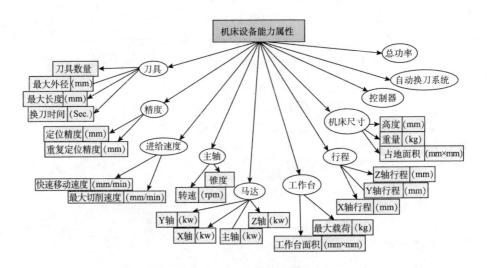

图5－5　机床设备资源能力属性模型

利用 OWL 语言特性——子类自动继承父类的属性和关系，机床类资源除具有该类资源定义的能力属性外，同时继承了父类设备资源的共有属性，即具有基本属性、能力属性、服务属性、状态属性。至此，设备资源子类机床资源属性得以完整建立。其他类资源的属性定义可参考此方法，归结该方法特点具有三大优点：

（1）在制造网格资源本体建立中，不至于迷失于各类资源属性信息的"海洋"；

（2）避免制造资源分类的抽象而导致无法归纳该类资源的共同属性；

（3）基于本体的制造网格资源模型具有语义推理功能。

## 5.2　基于蚁群的制造网格资源发现

通过各类制造资源的语义描述封装，制造网格屏蔽了资源的异构性和地理分布性，以透明的方式为用户提供便捷的制造服务。实施制造网格的目的就是利用这些制造服务协同完成用户提交的各种制造任务，因此，制造网格资源管理除了解决资源描述外，还要针对制造网格环境下企业协作的方式——虚拟组织，制定有效的资源发现机制，找到合适的资源、匹配用户提交的制造任务所需求的资源。

### 5.2.1　制造网格信息服务模型

信息服务是制造网格系统的重要功能组成部分，为资源发现提供信息组织支持。制造网格信息服务应满足以下要求[91]：①信息服务模型应是分布式，单个的信息管理中心易于失效；②必须有健全的认证和授权机制；③资源提供者可以申明自己的控制策略；④信息服务模型应该尽可能快速和高效地传输信息。

根据以上制造网格信息服务要求，制造网格信息服务模型应该是一个灵活、可伸缩、具有容错性的模型。任一个制造资源一定归属于某组织或个人，资源的拥有者必须具有自主的管理能力，同时也必须接受制造网格系统的统一管理。为支持制造网格资源的自治性和多重管理性，本书设计了一个两层制造网格信息服务模型，如图 5-6 所示。MGRIS（Manufactur-

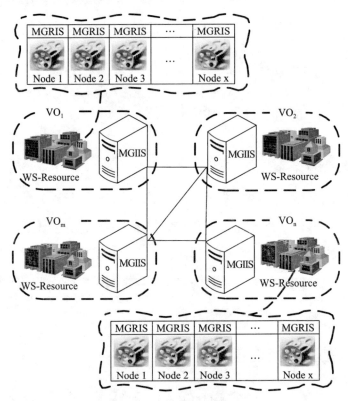

图 5-6　制造网格信息服务模型

ing Grid Resource Information Service）是一个分布式资源信息管理器，可以方便地部署到每个资源节点上，人工或自动配置节点资源的静态、动态信息（例如，数控机床的型号、加工能力、工作状态、预计完成时间等）；MGIIS 是一个多节点资源聚集信息路由器，它存储两方面信息：①相邻MGIIS 的信息；②VO 内所有资源节点注册信息。

本书按照地理位置划分 VO，在一个 VO 内设置一个 MGIIS，考虑到路由器的性能，当 VO 内节点数目达到路由器极限负荷时应该增设路由器，其网络拓扑结构是一个半分布式拓扑结构。此结构能避免随着制造网格规模的扩大带来的大量冗余注册信息，加强资源节点和注册信息的管理能力。Mastroianni 等人指出这种结构非常适合有组织性的网格应用。[92]

网格资源信息协议（Grid Resource Information Protocol，GRIP）和网格资源注册协议（Grid Resource Register Protocol，GRRP）都属于软状态协议（Soft – state Protocol），具有容错和简易的优点，是网格信息服务模型中非常重要的部分。利用上述两协议管理制造网格中资源、服务信息：①资源节点用户可以使用 GRRP 协议来注册、修改、撤销其在 MGIIS 上的信息；②MGIIS 负责维护所在 VO 内的所有资源节点信息数据，构成一个信息模型；使用 GRRP 协议向相邻 MGIIS 注册本路由信息，也可以访问相邻MGIIS信息注册表和本域内的 MGRIS；同时若无从相邻 MGIIS 和本域内的 MGRIS返回的定时更新消息，则认为由于正常退出、异常节点故障、网络连接失败等原因导致的资源群体或者单点失效，进而删除注册表中相应信息。由GRIP 和 GRRP 两个协议共同完成了制造网格资源信息的生命周期管理。制造网格用户在某一资源节点处搜索资源时，使用 GRIP 协议首先访问该 VO的 MGIIS 注册表，若有满足所需资源则返回该节点地址；若没有则 MGIIS

根据搜索算法选择性地访问其他 MGIIS 来查询。

## 5.2.2　基于 ACA 的制造网格资源搜索算法

根据制造网格信息服务模型，制造网格中的用户节点每次请求资源，都必须先访问资源路由器，资源路由器在资源信息数据库中查询所需资源的相关信息，然后再访问其他资源路由器。当未来制造网格规模变大时，需要优化搜索算法减少资源请求节点对资源路由器的访问次数和对资源信息数据库的访问次数，缩小搜索范围。

本书采用蚁群算法[93]（Ant Colony Algorithm，ACA）来解决制造网格资源搜索问题。由于蚁群算法起初用于解决路径的优化问题，所以本书对算法进行了修改以适合于资源搜索应用。蚁群算法的基本思想是根据蚂蚁觅食行为特性，通过蚂蚁释放信息素的正反馈机制来指导搜索前进的方向，充分利用历史的搜索经验，实现经验式搜索，缩小搜索范围，提高搜索效率。

定义：网格路由节点模型为一个加权无向图 $G = (V, \{E\})$，其中 $V = \{v_i \mid i = 1, 2, 3, \cdots, N\}$ 表示路由节点的集合，$E = \{(v_i, v_j) \mid i, j = 1, 2, 3, \cdots, N, 且\ i \neq j\}$ 表示图中边的集合，对每条边 $e$ 赋以权值 $w_e$，可以表示网格传输的延时、延时抖动、带宽、包丢失率等。

在基于蚁群算法的资源搜索机制中，查询信息包是蚂蚁，存在符合搜索要求的路由节点是食物，蚂蚁的起始点和终点都属于 $V$，路由节点之间的链路连接 $E$ 是路径。当某节点 $V_{query}$ 发出搜索请求时，就相当于派出蚂蚁在网格中按照一定规则沿着路径 $e$ 寻找在 $V_{provide}$ 节点的食物，其中的规则约束就是利用权值 $w_e$ 来计算到达下一节点的概率，指导蚂蚁前进的方向。

在第 2.1 节中将制造网格中的资源分为 9 类（设备资源、物料资源、人力资源、应用系统资源、人力资源、公共服务资源、用户信息、技术资源、其他资源），每个路由都存储着本域内和邻域内 9 类资源的信息素，即维护一张信息素表（如图 5−7 所示，深灰色代表本节点资源信息素）。当节点发出搜索 $f$ 类资源请求时（$f=1$，2，3，…，9），就相当于派出一批蚂蚁 $\{m_i^f \mid i = 1, 2, 3, \cdots, M\}$，根据信息素表在制造网格系统中并行地寻找食物。设置 TTL（Time to Live）控制搜索深度，蚂蚁前进一步 TTL 就减 1，若所在路由存在符合请求的资源则停止前进，沿原路返回一个 QueryHit，否则直到 TTL 为 0 时停止前进。为了保证制造网格 QoS，算法设置迭代次数 $K$，找出每次迭代中路径最短（即跳数最少）的资源节点返回给查询用户。

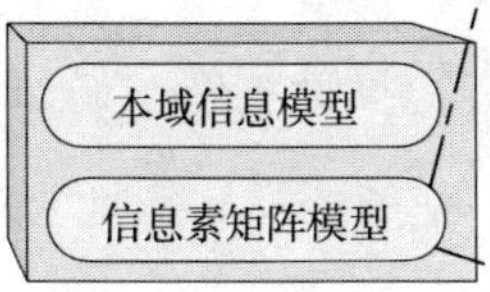

| Node\Type | $v_a$ | $v_b$ | $v_c$ | ... | $v_j$ | $v_k$ | ... | $v_n$ |
|---|---|---|---|---|---|---|---|---|
| 1 | $\tau_{a1}$ | $\tau_{b1}$ | $\tau_{c1}$ | ... | $\tau_{j1}$ | $\tau_{k1}$ | ... | $\tau_{n1}$ |
| 2 | $\tau_{a2}$ | $\tau_{b2}$ | $\tau_{c2}$ | ... | $\tau_{j2}$ | $\tau_{k2}$ | ... | $\tau_{n2}$ |
| 3 | $\tau_{a3}$ | $\tau_{b3}$ | $\tau_{c3}$ | ... | $\tau_{j3}$ | $\tau_{k3}$ | ... | $\tau_{n3}$ |
| 4 | $\tau_{a4}$ | $\tau_{b4}$ | $\tau_{c4}$ | ... | $\tau_{j4}$ | $\tau_{k4}$ | ... | $\tau_{n4}$ |
| 5 | $\tau_{a5}$ | $\tau_{b5}$ | $\tau_{c5}$ | ... | $\tau_{j5}$ | $\tau_{k5}$ | ... | $\tau_{n5}$ |
| 6 | $\tau_{a6}$ | $\tau_{b6}$ | $\tau_{c6}$ | ... | $\tau_{j6}$ | $\tau_{k6}$ | ... | $\tau_{n6}$ |
| 7 | $\tau_{a7}$ | $\tau_{b7}$ | $\tau_{c7}$ | ... | $\tau_{j7}$ | $\tau_{k7}$ | ... | $\tau_{n7}$ |
| 8 | $\tau_{a8}$ | $\tau_{b8}$ | $\tau_{c8}$ | ... | $\tau_{j8}$ | $\tau_{k8}$ | ... | $\tau_{n8}$ |
| 9 | $\tau_{a9}$ | $\tau_{b9}$ | $\tau_{c9}$ | ... | $\tau_{j9}$ | $\tau_{k9}$ | ... | $\tau_{n9}$ |

本域信息模型

信息素矩阵模型

图 5−7　路由节点信息素矩阵模型

1. 状态转移规则

初始时刻，各个 MGIIS 中的 9 类资源的信息素都相等，设 $\tau = C$（$C$ 为常数）。蚂蚁在运动过程中根据状态转移规则随机选择下一个移动到的节点。基本蚁群算法中，在 $t$ 时刻蚂蚁从节点 $i$ 移到节点 $j$ 的概率 $P_{ij}^k(t)$ 为：

$$P_{ij}^k(t) = \begin{cases} \dfrac{[\tau_{ij}(t)]^\alpha [\eta_{ij}(t)]^\beta}{\sum\limits_{s \in allowed_k}[\tau_{is}(t)]^\alpha [\eta_{is}(t)]^\beta}, j \in allowed_k \\ 0, otherwise \end{cases} \qquad (5-1)$$

其中 $allowed_k$ 表示蚂蚁 $k$ 所在路由节点 $i$ 处所有相邻节点的集合，但蚂蚁最后访问的节点除外，$\eta_{ij}$ 是一个预先设定的启发式参数，$\alpha$ 和 $\beta$ 分别决定信息素 $\tau_{ij}$ 和启发式参数 $\eta_{ij}$ 的相对重要性。但是当问题规模较大时（比如，超过 100 个路由节点），算法很容易陷入局部最优，同时使算法失去随机性，本书采用转轮赌法可以避免此问题：将公式（5-1）计算的概率进行累加，取出不小于某一随机数的累加概率中的最小值，此最小值对应的节点作为蚂蚁下一个目的地。

2. 信息素更新规则

每只蚂蚁都维护一个路径表，用来记录访问节点的序号和先后顺序。当所有蚂蚁构建完一条路径后，算法将根据信息素更新规则对 MGIIS 中的信息素模型进行信息素更新。当第 $i$ 只蚂蚁 $m_i^f$ 停止前进时，对路径表中所有路由节点的 $f$ 类资源的信息素按照以下公式进行局部更新。局部更新规则使相应的信息素减少，可以有效地避免蚂蚁们搜索到同一条路径上。

$$\tau_{ij}(t+1) = (1-\varphi) \cdot \tau_{ij}(t) + \varphi \cdot \tau_0 \qquad (5-2)$$

其中 $\tau_0 = (nh)^{-1}$，$h$ 为蚂蚁前进的跳数，$0 < h \leqslant TTL$，$n$ 为网格中路由节点的数目，$\varphi$ 为信息素挥发系数，$0 < \varphi \leqslant 1$。

在每批蚂蚁完成搜索后，对找到资源的蚂蚁所经过路由上的 $f$ 类资源的信息素按照以下公式进行全局更新，其目的是为了充分利用历史搜索经验。较近的资源节点之间信息素增量较大，因此下次被选择的概率较大。

$$\tau_{ij}(t+1) = (1-\rho) \cdot \tau_{ij}(t) + \rho \cdot \Delta\tau_{ij} \qquad (5-3)$$

其中 $\Delta\tau_{ij} = (h_{found})^{-1}$，$h_{found}$ 为找到资源节点的蚂蚁前进的跳数；$\rho$ 为信息素挥发系数。

在上述两规则的基础上，下面给出基于蚁群算法的资源搜索流程图（见图 5-8）及 Matlab 实现伪代码（见图 5-9）。

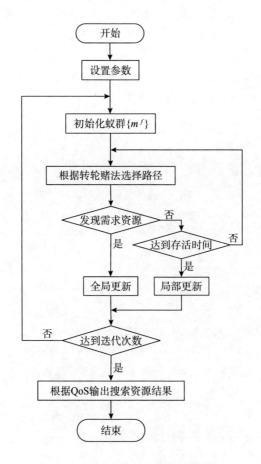

**图 5-8　基于 ACA 的资源搜索流程**

85

设置 $\alpha$ , $\beta$ , $\varphi$ , $\rho$ 等参数及信息素矩阵 TAU，初始化禁忌表 *Tabu*，生存时间 TTL；

$i = 1$：$K\%$，$K$ 为迭代次数        (1)

  $j = 1$：$M\%$，$M$ 为每批蚂蚁数量        (2)

    while（TTL≥0）&&（邻居节点非空）      (3)

      根据公式（1）计算概率 $P_{ij}^k(t)$，

      再按照转轮赌法从候选节点中随机选择下一步前往的节点 *next_visit*；

      在 *Tabu* 表中加上节点 *next_visit*；

      TTL = TTL − 1；

        对 *next_visit* 节点的 MGIIS 存储的资源服务信息进行匹配；

      *if*（有需求资源）

        {

        蚂蚁停止前进；

        *break*；

        }

      *end*.

    *end*.

    根据公式（2）对蚂蚁经过的节点进行信息素局部更新；

  *end*.

  根据公式（3）对找到资源的蚂蚁所经过的节点进行信息素全局更新；

*end*.

根据 MGrid 的 QoS 将发现的资源节点排序返回给用户

图 5 − 9　基于 ACA 的资源搜索算法伪代码

## 5.2.3　搜索算法仿真实验

　　磁力轴承是一种高性能机电一体化轴承，应用领域广泛，但结构和控制参数必须根据具体的应用对象进行设计、制造。设计过程运用众多的工具，比如，结构设计 CAD、性能分析 CAE 等，需定制的零部件有传感器、功率放大器、电磁铁、控制器、转子等。本书对位移传感器资源进行模拟搜索，仿真实验中省略资源匹配环节，采取随机标定符合查询请求的资源，模拟制造网格资源节点的动态加入或退出，若蚂蚁能到达标定节点则认为发现需求资源（表 5 – 1）。

表 5 – 1　基于 ACA 搜索的资源信息

| 请求资源<br>节点 $V_{query}$ | 需求资源 | 资源类别/<br>类别编号 f | 提供资源节点 $V_{provide}$ | QoS 标准 |
|---|---|---|---|---|
| 1 | 位移传感器 | 物料资源/2 | 9，29，32，56，70，83，89，100，129，229，259，329，817，920，970，929，956 | 路径长度 |

实验采用 Matlab V7.1 作为仿真工具，CPU 为 P4、主频 2.93GHz、内存 512M、操作系统 Windows XP SP2 的个人计算机作为平台，使用波士顿大学开发的 BRITE[94] 随机生成网络拓扑结构模拟路由节点。实验采用的是 Waxman 概率模型，由 1000 个节点和 2000 条边构成；节点的度最小为 2，最大为 19。

从实验得知设置 $\varphi = \rho = 0.2$ 得到较好的结果。蚂蚁数目 $M \geq 280$ 时就能够保证查全率（Recall）稳定在 80% 以上，如图 5 – 10 中实线所示；同时若不采用局部更新规则会导致 Recall 显著降低，如图 5 – 10 中虚线所示。随着查询次数 Times 的增加，在 Rcall≥80% 的条件下 $M$ 逐渐减少，图 5 – 11 所示的是第 6 次循环迭代时 $M$ 和 Recall 的关系，充分说明了在利用历史搜索经验后，查询信息量在较少的情况下可以达到较高的查全率，减少了网络通信量。

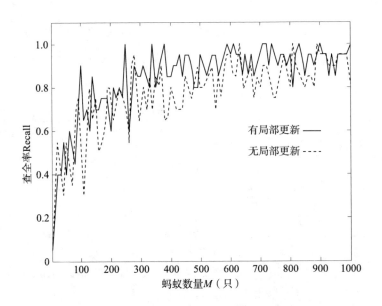

**图 5 - 10 信息素初始状态下蚂蚁数目与查全率**

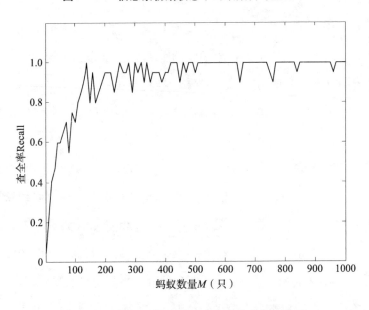

**图 5 - 11 第 6 次循环迭代时蚂蚁数目与查全率**

本节中虽然是采用最短路径作为度量标准，但是此算法还可以采用其他多种度量来选择路由。例如，可靠性、延时、带宽、负载、通信成本等，通过一定的加权运算，将它们合并为单个的复合度量，再填入信息素表中，作为寻径的标准，具有良好的扩展性和灵活性。在制造网格系统资源搜索请求较多的情况下，特别是查找同类资源时此算法就具有较大的效率优势。

## 5.2.4  制造网格资源匹配

制造网格资源发现机制不仅应考虑资源节点的位置信息，而且还应考虑资源的语义信息。由于制造资源的复杂性和灵活性，资源需求者会根据自己的需求寻找资源。因此，制造网格资源发现需提供匹配用户自定义资源的功能。传统的基于关键词的匹配方法无法提供推理和扩展能力，会遗漏大量与关键词同义或者相关的资源，资源匹配结果难令人满意。其主要原因之一就是没有对资源进行语义化描述，进而无法实现基于语义的资源匹配。在 5.1 节中研究了基于本体的制造网格资源描述问题，本节将在此基础上阐述制造网格资源语义匹配，作为一个制造网格资源发现功能的重要环节，从而为实现基于经济学的制造网格资源管理奠定基础。

目前，专门研究制造网格环境下资源匹配的文献较少，文献［95］采用 WSDL 规范来描述制造网格资源，并扩展一个 QoS 属性标签，其资源发现就是根据需求 QoS 和注册服务器 UDDI 中的 QoS 元素匹配；文献［96］提出了一种基于本体论和词汇语义相似度的 Web 服务发现方法，指出可对 Web 服务进行的几种相似度计算度量方式，并对其中的词汇语义相似度计算进行详细讨论；文献［97］设计了一个资源服务优选系统，该系统由资源服务搜索 Agent 在资源服务封装模板对应的 GRIS 和 GIIS 中搜索符合用户需求的待选资源集，其中 MRS – Matcher 使用了基本匹配、I/O 匹配、QoS 匹配和 Precondition 匹配 4 种类型。

综观上述研究，制造业的资源发现技术研究大多数停留于提出资源发现机制上，并且很少对其中的资源匹配进行量化研究。国内外鲜有关于制造网格中基于语义的资源匹配研究，其原因就是制造网格缺少资源语义模型支持。[98]因此，本书结合 W3C 所倡导的本体技术，在对制造网格资源语义描述的基础之上，将制造网格的机制与语义信息、本体进行有机结合，提出了基于 OWL 的制造网格发现模型，并给出有效的资源本体匹配相似度计算方法。

结合开放网格服务体系结构 OGSA 和语义 Web 等相关技术，本书提出了基于 OWL 的制造网格资源发现模型，如图 5 – 12 所示，其工作流程如下：

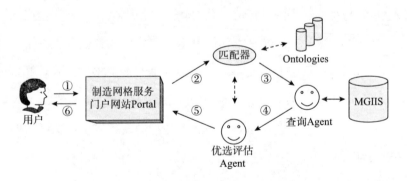

图 5 – 12　制造网格服务发现模型

（1）资源需求者通过制造网格门户网站中的查询 Portlet 提交制造资源服务查询请求。查询 Portlet 将调用 OWL 编辑器，便于服务消费者以标准的服务本体语言对服务查询请求进行描述，并激活本体匹配引擎。

（2）在匹配规则（Matching Rules）、领域知识（Domain Axiom）、领域本体和服务本体的支持下，由匹配引擎对用户提交的制造服务查询需求进行语义匹配和相关性扩展，并自动生成一个按照服务相似度由高到低排列的服务列表。这里需要说明的是，本体库的完善是一个动态迭代过程，那么本体中抽象出来的领域知识也是一个不断扩充的过程，从而更有力地支持服务的语义匹配；另外，匹配规则和领域知识的数量及复杂程度则决定匹配引擎的性能。

（3）在制造网格系统中服务时时刻刻存在动态的增加或减少，虽然制造网格资源本体库中的资源是相对动态的，但远远满足不了用户的要求，而且本体库过高的更新频率会导致信息服务器性能的下降，因此，采用"宽进窄出"的策略来设计本体库的功能，即服务信息可以随时注册入库，但更新（或删除）信息则以一个适当的频率来进行。查询 Agent 在接受到服务列表的请求后，只需对服务列表上的服务进行动态、实时的查询MGIIS，将满足用户条件的候选服务结果返回给优选评估 Agent，这样既能保证信息的不遗漏，又能保证实时性。

（4）优选评估 Agent 的主要功能是根据资源的各项评价指标对候选服务进行评估，计算得到该资源的综合评价信息矩阵，最后经加权矩阵运算得到相应的评估综合量值，并将最终结果返回给制造网格门户网站。

（5）制造网格门户网站按照制造服务评估综合量值从高到低将可用制造网格服务呈现给用户。

1. 制造网格资源相似度

本体形式化定义为：$O = \{C, H_C, R_C, H_R, I, A\}$，其中，$C$ 表示概念集

合；$H_C$ 表示概念的层次关系集合；$R_C$ 表示概念的属性集合；$H_R$ 表示属性的层次关系集合；$I$ 表示实例集合；$A$ 表示公理。本体 $O_1 = >O_2$ 的相似度记为 $\mathrm{Sim}(O_1,O_2) \in [0,1]$。

**定义 1**：制造网格资源输入本体相似度

$$\mathrm{Sim}_{input}(S_r,S_p) = \frac{1}{m}\sum_{i=1}^{m}\mathop{\mathrm{Max}}_{j=1,2,\cdots,n}\left[\mathrm{Sim}(O_{li},O'_{lj})\right]$$

其中，$m$ 表示制造网格查询请求中输入本体的数目，$n$ 表示制造网格服务本体库中输入本体的数目，$O_{li}$ 表示查询请求的第 $i$ 个输入本体，$O'_{lj}$ 表示所提供服务的第 $j$ 个输入本体。制造网格服务输出本体相似度 $\mathrm{Sim}_{output}(S_r,S_p)$ 类似。

**定义 2**：制造网格资源相似度

$$\mathrm{Sim}(S_r,S_p) = w_1\mathrm{Sim}_{input}(S_r,S_p) + w_2\mathrm{Sim}_{output}(S_r,S_p)$$

其中，$S_r$ 表示制造网格用户查询请求的服务，$S_p$ 表示制造网格服务本体库所提供的服务，$w_1$、$w_2$ 表示服务相似度的权重值，$w_1 + w_2 = 1$ 且 $w_1$、$w_2 \geq 0$。

2. 本体相似度

本体中用于知识表示的原语丰富、复杂，如翻转属性（Inverser Of）、传递属性（Transitive Proverty）、布尔连接（Union Of，Complement Of，Intersection Of）、势（Cardinality）约束等，这些原语为本体相似度计算提供了有用的信息，但同时也为本体相似度计算带来新的困难。

目前，国内外学者对本体相似度的研究大多数围绕本体中的可用信息，如概念、属性、结构、实例及约束，但是，至今没有一个通用、有效的概念相似度计算方法来支持本体相似度，从而大大限制了结果的准确性。

概念相似度计算策略有：利用编辑距离（Edit Distance）计算两个字符串的相似度；利用语义词典（如 WordNet[99]，HowNet[100] 等），计算两个概念在树状概念层次体系中的距离来得到概念间的相似度；利用机器学习方法使用概率模型计算概念间相似度。然而，这些方法还存在一些问题：编辑距离方法忽略了概念可以在字符串上完全不同，但其意义却可能很相似这一事实；机器学习方法对于长文本来说效果较好，而对于仅有一个或几个单词的概念来说效果往往较差；基于语义词典的方法可以计算出字符串不相似，并且统计关联小的概念间相似度，但目前其测量实现方法并不令人满意。

经研究发现，基于语义词典的概念相似度测量方法应遵循以下原则：

（1）概念间语义距离越大其相似度越小，反之，其相似度越大。一个概念与本身的语义距离为 0，其相似度应为 1；当概念间语义距离无穷大时，其相似度应为 0。在概念层次树中（见图 5-13），语义距离指的就是连接两节点最短路径长度，本书把语义距离转化为两概念节点距公共节点距离之和，记为 $L_1 + L_2$。

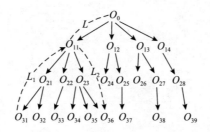

**图 5-13　概念层次树**

（2）概念间语义重合度越大，其相似度越大。语义重合度是指两概念所包含相同语义的程度。在概念层次树中，语义重合度可以转化为两概念公共节点距顶层祖先节点的距离，记为 $L$。一般来说，随着语义重合度 $L$ 的增加，概念位于层次树越底层，其概念间的差异会越来越小。例如，"光轴"和"阶梯轴"、"直轴"和"曲轴"，这两对概念的语义距离都是 2，但是前一对概念处于层次树中较低层，语义重合度大，因此认为其相似度较大。

（3）由于语义词典对概念的描述分类有详细、粗疏之分，导致层次树中概念密度不一。一般来说，位于密度大的区域概念分类较多，语义距离较大；反之较小，所以必须加入概念密度对其加以调节。

（4）相似度的非对称性，即一般来说，$\text{Sim}(O_1, O_2) \neq \text{Sim}(O_2, O_1)$。例如，"车床 => 机床"相似度要大于"机床 => 车床"相似度，因为从实际意义来说机床的加工能力、范围要比车床大。为此，本章在概念层次树中引入了矢量曲线。

根据以上标准，本章提出一种基于 WordNet 的概念相似度综合算法，定义概念 $O_1 => O_2$ 的相似度为

$$\text{Sim}(O_1, O_2) = \frac{L}{L + \alpha(O_1, O_2)\dfrac{L_1}{\rho(o)} + [1 - \alpha(O_1, O_2)]\dfrac{L_2}{\rho(o)}}$$

其中，$\alpha(O_1, O_2) = \begin{cases} \dfrac{L + L_1}{2L + L_1 + L_2}(L_1 \leqslant L_2) \\ \dfrac{L + L_2}{2L + L_1 + L_2}(L_1 > L_2) \end{cases}$，作为相似度非对称性的

调节参数；

概念密度[101] $\rho(o) = \dfrac{\sum\limits_{i=0}^{m-1} nhyp^{i \cdot 0.20}}{\text{descendants}_o}$，$nhyp$ 表示平均每个节点的下位

词数量，$h$ 表示公共节点概念 $O$ 的层次高度，$m$ 表示在层次树中概念 $O$ 拥有意义（Senses）的数量。

3. 制造网格资源匹配算法实验

下面针对机床加工服务领域，进行概念相似度计算。在 WordNet 中相关概念层次关系如图 5 - 14 所示，利用此层次图可得出如表 5 - 2 所示的概念相似度。

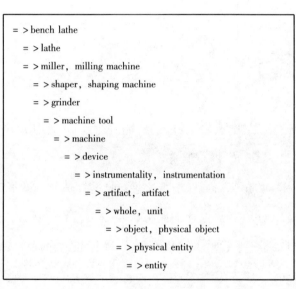

```
= > bench lathe
  = > lathe
  = > miller, milling machine
    = > shaper, shaping machine
    = > grinder
      = > machine tool
        = > machine
          = > device
            = > instrumentality, instrumentation
              = > artifact, artifact
                = > whole, unit
                  = > object, physical object
                    = > physical entity
                      = > entity
```

**图 5 – 14   WordNet 概念层次树**

表 5 – 2 数据显示：Sim（Lathe，Machine Tool） > Sim（Lathe，Grinder），表明对于要求车床（Lathe）加工的资源需求者来说，机床加工（Machine Tool）服务比磨床（Grinder）加工服务更满足需求；Sim（Lathe，Machine Tool）> Sim（Machine Tool，Lathe），表明了相似度的非对称性，机床加工服务内容包括车床加工，而车床加工并不能完全代替机床加工服务。

表 5 – 2　概念相似度计算

| $O_1 = > O_2$ | $L$ | $L_1$ | $L_2$ | $m$ | descendant$_o$ | $\alpha(O_1, O_2)$ | $nhpy$ | $\rho(O)$ | $Sim(O_1, O_2)$ |
|---|---|---|---|---|---|---|---|---|---|
| Lathe = > Machine Tool | 9 | 2 | 0 | 2 | 5 | 0.45000 | 1.15091 | 0.43018 | 0.81138 |
| Grinder = > Machine Tool | 9 | 1 | 0 | 2 | 5 | 0.47368 | 1.15091 | 0.43018 | 0.89099 |
| Shaper = > Machine Tool | 9 | 1 | 0 | 2 | 5 | 0.47368 | 1.15091 | 0.43018 | 0.89099 |
| Machine Tool = > Lathe | 9 | 0 | 2 | 2 | 5 | 0.45000 | 1.15091 | 0.43018 | 0.77874 |
| Machine Tool = > Grinder | 9 | 0 | 1 | 2 | 5 | 0.47368 | 1.15091 | 0.43018 | 0.88033 |
| Machine Tool = > Shaper | 9 | 0 | 1 | 2 | 5 | 0.47368 | 1.15091 | 0.43018 | 0.88033 |
| Lathe = > Milling Machine | 10 | 1 | 1 | 2 | 3 | 0.50000 | 1.00000 | 0.66667 | 0.86957 |
| Lathe = > Grinder | 9 | 2 | 1 | 2 | 5 | 0.47619 | 1.15091 | 0.43018 | 0.72396 |

为了对所提出的服务匹配算法的性能进行评估，使用 OWL – S 服务检索测试集 OWLS – TC[102] 进行服务匹配验证。OWLS – TC 是一个专门用于对 OWL – S 语义 Web Service 匹配算法进行性能评估的测试服务集合，它包含 580 多个使用 OWL – S 描述的服务，覆盖了教育、医疗、旅游、食品、通信、经济和武器 7 个领域，并且提供了一组测试查询包，包含 28 个测试查询，每个查询与 10 ~ 20 个 Web Service 相关联。

本书使用查准率和查全率作为评价服务匹配效果的指标。查准率（Precision）是指发现符合查询条件的服务数量与发现服务总数量的比率；查全率（Recall）是指发现符合查询条件的服务数量与 OWLS – TC 测试集中符合查询条件的服务数量的比率。试验环境：CPU 为 P4，主频 2.93GHz，内存 512M 的个人计算机，操作系统 Windows XP SP2，采用 Java 开发语言，服务器为 Apache Tomcat 5.0，语义词典为 WordNet V2.1，服务本体标记语言为 OWL – S V1.1，语义服务检索测试集为 OWLS – TC V2.1。

本章将 28 个测试查询相对应的查准率和查全率分别求和取平均值，最后绘制出的 Precision – Recall 曲线如图 5 – 15 所示。

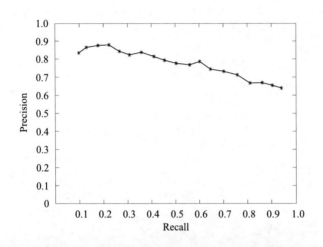

**图 5 – 15　资源匹配算法 Precision – Recall 曲线**

从图 5 – 15 中可看出，一方面资源匹配精度没有达到 90% 以上，其原因在于本书只对服务进行了 I/O 本体概念匹配，如果在服务匹配计算中综合利用服务的名称、简要描述、QoS 信息，可能会得到更高的发现精度；另一方面，在高查全率的情况下，查准率也在 68% 以上，这也说明了该服务匹配算法在阈值较低的情况下仍能得到较高精度的发现服务。

## 5.3　本章小结

本章研究了基于本体的制造网格资源描述方法，设计了适用于制造领域的本体建立流程，并初步建立制造网格资源本体库；研究了基于 ACA 的资源搜索算法，实现制造网格环境下经验式搜索，并在制造网格资源本体库的基础上，提出了语义匹配算法，从而实现制造网格资源发现功能。资源描述和资源发现都是资源管理功能中基础环节，也是实现资源交易、调度的基础。

# 第六章

## 制造网格资源预留

资源预留的目的是保证系统向用户提供高水平 QoS 的资源。[103]与传统资源管理策略不同的是，由于制造网格资源具有动态性、管理的自治性和多重性等特点，资源预留问题在众多制造网格资源管理的问题中显得更为复杂和特殊。

制造网格的主要特征是在动态的、多机构的 VO 中协调资源共享和协同解决问题。由于制造网格是一个高度动态的环境，系统中所提供的资源和用户的需求都在不断地发生变化。为了能保证在指定的时间内取得有资质的资源节点来执行制造网格任务应用，目前有效的方法是开发制造网格预留系统。通过资源预留功能来保证用户在指定的时间拥有足够的资源，按序访问不同的资源，特别对于复杂的制造网格任务，联合预留（co‒reservation）

是网格资源调度器的必要功能组成部分。

# 6.1 概　述

GCF 的网格资源分配协议工作组（Grid Resource Allocation Agreement Protocol Working Group，GRAAP – WG）将预留定义为：

由资源的请求者通过协商过程向资源的所有者获取对该资源在某一时间段内的授权。

GRAAP – WG 定义了网格环境下资源预留的 9 种状态[104]，如表 6 – 1 所示。根据这 9 种预留状态，制造网格资源预留生命周期可以由图 6 – 1 表示。

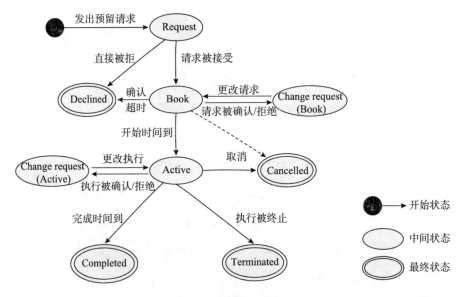

图 6 – 1　制造网格资源预留状态生命周期

**表 6 - 1　网格资源预留状态**

| 请求<br>（Request） | 用户请求一个或者一组资源。如果请求被接受（Accepted），则转为预订（Book），否则转为拒绝（Declined） |
|---|---|
| 拒绝<br>（Declined） | 由于某种原因不能接受用户预留资源的请求。原因包括：用户信誉度不高、出价较低等 |
| 预订<br>（Book） | 如果资源节点接受预留请求（Request），则转交给资源调度器等待执行（Active） |
| 预订更改<br>（Book，Change Request） | 在资源预留执行前，用户改变预留参数 |
| 取消<br>（Cancelled） | 在资源预留执行前，用户取消预留请求；资源调度器也可以取消接受的预留请求 |
| 执行<br>（Active） | 资源预留正在执行，而且没有结束任务 |
| 终止<br>（Terminated） | 用户或者资源调度器在完成预留请求前终止执行中（Active）的预留 |
| 完成<br>（Completed） | 资源节点完成预留请求 |
| 执行更改<br>（Active，change request） | 用户在预留执行过程中需要改变请求 |

　　网格预留可分为 3 类：无期限的即时预留（Immediate Reservation with No Deadline，IRND），有期限的即时预留（Immediate Reservation with Deadline，IRD）和提前预留（Advance Reservation，AR）。图 6 - 2 表示了 3 种预

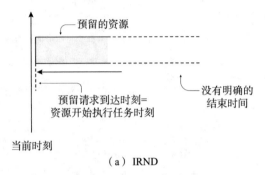

（a）IRND

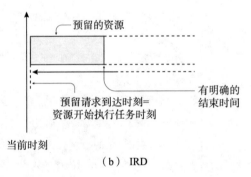

（b）IRD

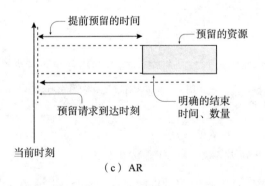

（c）AR

图6-2　网格资源预留模式

留方式的异同。IR 指的是当资源预留请求发出后需要资源节点立即执行相关任务的预留方式，进一步可以分为 IRD 和 IRND。提前预留则是明确所需资源的 QoS 参数（包括资金预算、开始时间、终止时间和资源数量等），在任务开始之前确定资源预留请求的预留方式。本章所提出的联合预留是提前预留的一种高级形式。

一个原子预留（Cell Reservation）只能预留一个资源给制造任务，对于只需一个资源节点就能完成的任务，制造网格系统只需一个原子预留就可，但是对于大量的复杂制造任务而言，需要多个原子预留按照制造任务（或者称为工作流）的结构组合成一个联合预留。

制造网格的主要目的是为各种制造任务提供便捷、优质、经济的资源，特别是需跨域合作的、复杂的制造任务。网格系统一方面要保证资源提供者获得较高的经济效益；另一方面也为资源需求者提供优质低价的资源服务。在制造网格系统中，多个资源节点合作完成一个复杂的制造任务，把这样的资源节点称为一个 VO。VO 需要多个资源节点之间的合作，为了保证 VO 高质量地完成制造网格系统所提交的任务，根据网格资源的动态特性，需要联合预留的支持。

## 6.2　制造网格联合预留架构

如图 6-3 所示，本书设计了一个支持制造网格资源联合预留的系统架构，该架构不仅支持联合预留，还支持简单的原子预留。因为在本章中可以把原子预留可以看作是只有一个资源预留请求的联合预留。

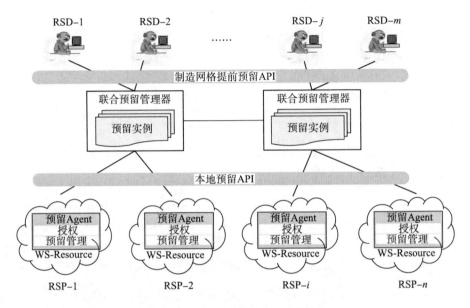

图 6 - 3　制造网格资源联合预留架构

　　该架构包括两个主要组成部分：本地资源预留代理（Local reservation agent，LRA）和联合预留管理器（Co - Reservation Manager，CRM）。LRA 负责当地资源节点的预留任务，包括接受、拒绝预留、将预留转送到调度器等；CRM 负责本域内的资源预留请求，包括预留请求的联合匹配和搜索、和其他域内的 CRM 通信等。根据第五章的制造网格信息模型，LRA 运行于网格的叶节点，而 CRM 部署于网格的域根节点上。其中 LRA 又包含两个组成部分：预留管理（Reservation Manager）器和授权管理器（Authorization Manager）。预留管理器主要为资源提供者提供配置资源预留策略的功能。例如，拒绝信誉度较低的资源请求者的预留请求，手动或自动配置所属资源节点可预留的时间，资源预留的最低价格等预留信息。授权管理器则负责为接受的资源预留请求颁发一个全局唯一的安全证书，用于预

留开始执行时资源节点的调度器验证该预留请求是否经过合法授权，若合
法则正常按时执行。

## 6.2.1 制造网格资源联合预留流程

在上节的联合预留架构中，CRM 作为一个服务工厂（Service Factory），
首先，它对每一个联合预留请求（包括原子预留）生成一个联合预留服务
实例。然后，CRM 执行联合搜索和匹配功能，最终将获取的结果以一个候
选资源信息列表的方式返回给制造网格用户。CRM 负责处理预留请求者
（即资源需求者）和候选资源的提供者（即资源提供者）之间的协商过程，
包括资源预留冲突问题的解决。在图 6 - 4 中，本书采用 UML2.0 对制造网
格系统中联合资源预留过程进行建模。

从图 6 - 4 中可以看出，制造网格资源联合预留过程是从 CRM 接受资
源需求者的联合预留请求开始，最终以一套或者多套候选资源集的方式提
供给预留请求者。这些有效的候选资源联合、合作起来就能完成一个简单
或者复杂的制造任务。在 CRM 完成这一过程中，其中关键的一步是需要
CRM 有效地查询、匹配信息。一般地，一个联合预留请求包含多个原子预
留，并且这些原子预留是按照制造任务的结构来安排的，它们之间存在严
格的时间顺序和（或者）物流、数据流依赖关系。对于处理这样复杂的预
留请求不是一件简单、省时的事情，特别是在制造网格系统中除了资源需
求者提出联合预留请求外，当已预留的资源状态发生变化（例如，资源发
生故障预计无法完成约定的预留任务，或由于网络原因退出系统等）时也
得随时重新启动联合预留。因此，在制造网格系统中，存在大量的联合预
留请求，为了有效地处理联合预留中的搜索请求，切实减轻系统的工作负

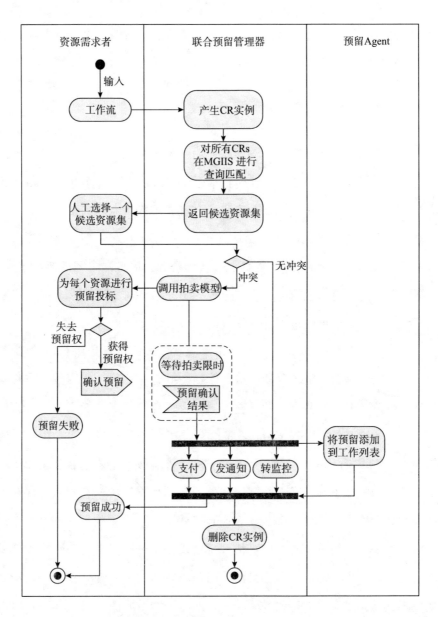

图 6-4　制造网格资源联合预留流程

荷，必须采用有效的联合搜索算法。传统的搜索算法只针对单个资源搜索匹配请求的情况，所以本章称联合预留中的搜索过程为联合搜索。联合搜索是针对要求同时发现、匹配多个资源信息的情况。本书为此提出一种新颖的联合搜索算法，具体内容见6.2.2。

由于制造网格资源共享的特性，由 CRM 获取的资源集可能会提供给多个资源需求者，这就是资源预留中预留冲突问题。为此，本书采用拍卖机制[16]来解决联合预留中的请求冲突问题，即出价最高者将最终获得该资源节点的预留使用权。联合预留请求和预留冲突的解决需要资源提供者和资源需求者之间多次的交互协商过程，最终在他们之间达成一个预留协议。本书建议采用 WS - Agreement[105] 作为制造网格预留协议的基本格式，如图 6 - 5 所示。

CRM 将可预留的资源以列表的方式提供给资源使用者，由资源提供者最终选择适合自己任务的资源集，或者由制造网格优选系统提供进一步的筛选。资源需求者也可以更改约束条件重新选择和协商，具体时间序列流程如图 6 - 6 所示。经签约过的资源联合预留将被送到监控模块[106]，以监控预留状态（如此节概述中所述）的变化。每次预留状态发生变化，资源需求者将收到网格系统的通知提示。资源提供者可以在保证按时完成任务的情况下，暂停某一预留任务的执行，接受其他预留执行请求。这样既可以保证任务的按时完成，也可以最大化资源提供者的经济效益。另外，签约过的预留请求，资源需求者将由第三方金融机构收取一定费用，无论将来预留是否被执行。

```
< wsag：Template TemplateId = " xs：string" >
  < wsag：Name > xs：string </wsag：Name >
  < wsag：AgreementContext xs：anyAttribute >
      < wsag：AgreementInitiator > xs：anyType </wsag：AgreementInitiator >
      < wsag：AgreementResponder > xs：anyType </wsag：AgreementResponder >
      < wsag：ServiceProvider > wsag：AgreementRoleType </wsag：ServiceProvider >
      < wsag：ExpirationTime > xs：DateTime </wsag：ExpirationTime >
      < wsag：TemplateId > xs：string </wsag：TemplateId >
      < wsag：TemplateName > xs：string </wsag：TemplateName >
  </wsag：AgreementContext >
  < wsag：AgreementTerms >
      < wsag：Term Name = " xs：string" / >
          < wsag：ServiceDescriptionTerm wsag：Name = " xs：string" wsag：ServiceName = " xs：string" >
          </wsag：ServiceDescriptionTerm >
          < wsag：ServiceReference wsag：Name = " xs：string" wsag：ServiceName = " xs：string" >
          </wsag：ServiceReference >
          < wsag：ServiceProperties wsag：Name = " xs：string" wsag：ServiceName = " xs：string" >
              < wsag：Variable wsag：name = " CPUcount" wsag：metric = " job：numberOfCPUs" >
                  < wsag：Location > wsag：ServicePropertiesType </wsag：Location >
              </wsag：Variable >
          </wsag：ServiceProperties >
          < wsag：GuaranteeTerm > wsag：GuaranteeTermType </wsag：GuaranteeTerm >
          < wsag：GuaranteeTerm Name = " xs：string" Obligated = " wsag：ServiceRoleType" >
              < wsag：ServiceScope ServiceName = " xs：string" > </wsag：ServiceScope >
              < wsag：QualifyingCondition > </wsag：QualifyingCondition >
              < wsag：ServiceLevelObjective > </wsag：ServiceLevelObjective >
              < wsag：BusinessValueList > </wsag：BusinessValueList >
          </wsag：GuaranteeTerm >
  </wsag：AgreementTerms >
  < wsag：CreationConstraints >
      < wsag：Item Name = " xs：string" >
          < wsag：Location > xs：anyType </wsag：Location >
          < wsag：ItemConstraint >
          < xs：restriction > xs：simpleRestrictionModel </xs：restriction >
          < xs：group > xs：groupRef </xs：group >
          < xs：choice > xs：explicitGroup </xs：choice >
          < xs：sequence > xs：explicitGroup </xs：sequence >
          </wsag：ItemConstraint >
      </wsag：Item >
      < wsag：Constraint > xs：any </wsag：Constraint >
  </wsag：CreationConstraints >
</wsag：Template >
```

图 6 - 5　制造网格预留协议 （WS - Agreement）

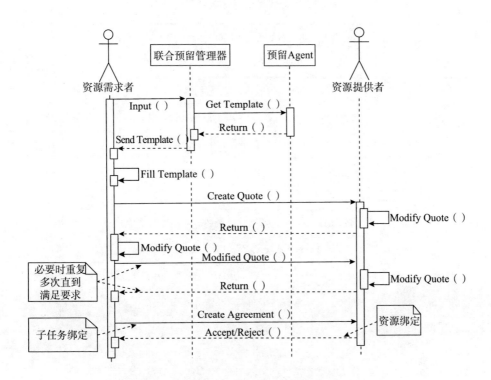

图 6 - 6  制造网格资源联合预留时间序列图

## 6.2.2  制造网格资源联合预留 API

制造网格资源联合预留 API 用于 CRM、LRA 和网格用户之间消息的传递。通过这些 API 实现制造网格联合预留的所有功能，并能有效地屏蔽资源的异构性，减少对系统人为的干预和操作。资源提供者可以暂停和恢复预留的执行，以便接受更多的预留请求，优化资源配置、最大化经济收益。详细的 API 描述请见表 6 - 2。

表 6 – 2　制造网格资源联合预留 API

| | |
|---|---|
| Submit Reservation（*Client – ID*, *TR*） | 编号为 *Client – ID* 的资源需求者向 CRM 提交资源联合预留请求；返回一个全局唯一的预留编号 *CR – ID*，*TR* 将在下节中解释 |
| Query Resources（*TR*） | 返回一个候选资源列表 |
| Bid Reservation（*Client – ID*, *CR – ID*, *Price*） | 编号为 *Client – ID* 的资源提供者以 *Price* 的价格为编号 *CR – ID* 的预留投标竞争候选资源的预留权 |
| Cancel Reservation（*Client – ID*, *CR – ID*） | 编号为 *Client – ID* 的资源提供者向 CRM 提交取消联合预留请求 |
| Commit Reservation（*Client – ID*, *CR – ID*） | 编号为 *Client – ID* 的资源提供者向 CRM 确认联合预留请求，返回成功或者失败提示信息 |
| Charge Reservation（*Client – ID*, *CR – ID*） | 在编号 *Client – ID* 的资源提供者账户上，CRM 自动扣除编号为 *CR – ID* 的联合预留的费用 |
| Send Ticket（*Client – ID*, Token） | CRM 给编号为 *Client – ID* 的资源提供者发送联合预留授权证书 Token |
| Send Monitor（*CR – ID*） | CRM 将编号为 *CR – ID* 的联合预留送到监控模块 |
| Delete Reservation（*CR – ID*） | CRM 删除编号为 *CR – ID* 的联合预留请求 |
| Add Schedule（*CR – ID*） | 本地资源预留代理将编号为 *CR – ID* 的资源预留请求发送到本地调度器，返回成功或者失败提示信息 |
| Suspend Job（*CR – ID*） | 若资源预留被暂停执行，本地资源预留代理将向资源需求者发送一条信息 |
| Resume Job（*CR – ID*） | 若资源预留恢复执行，本地资源预留代理将向资源需求者发送一条信息 |
| Finish Job（*CR – ID*） | 若完成资源预留任务，本地资源预留代理将向资源需求者发送一条信息 |

## 6.2.3 制造网格资源联合预留算法

CRM 作为资源提供者和资源需求者之间达成预留协议的协调者，它将为每一个联合预留请求提供一个可供预留选择的资源集。本节所讨论的联合预留只提供候选资源集，不涉及如何从这些资源集中优选的问题。制造网格资源优选问题将在下章讨论。如前面所述，联合预留不同于原子预留，因为每个联合预留都可能包含若干个存在一定依赖关系的原子预留。这就需要 CRM 除了为每个原子预留请求提供候选资源外，还必须考虑它们之间的时间、物流等依存关系。若分开为每一个原子预留搜索候选资源，然后组合成一个完整的联合预留，特别是制造网格系统可能存在某时刻大量的联合预留请求发生的情况，这将是耗时、低效的行为，严重影响制造网格系统有效地运行。因此，第五章提出的搜索算法并不适用于联合预留功能，本节将引进一种新方法来解决此问题。

在介绍联合预留算法之前，先给出一个制造网格工作流例子以便说明此节要解决的问题，如图 6－7 所示。这是一个磁力轴承设计的工作流程，包括 5 个子任务：结构参数设计（Structure Parameterized Design，SPD）、机构仿真和分析（Mechanics Analysis and Simulation，MAS）、温度场仿真和分析（Temperature Field Simulation and Analysis，TFSA）、磁场仿真和分析（Magnetic Field Simulation and Analysis，MFSA）和控制系统仿真和分析（Control System Simulation and Analysis，CSSA），如图 6－7（a）所示。每个子任务需要预留一个资源予以执行，这也就是前述的一个原子预留，同时每个原子预留必须按照图 6－7（a）的结构排序。因此，联合预留可以抽象为一个无向图（Undirected Graph），如图 6 - 7（b）所示。图 6 - 7（b）中，蓝色圆代表需要原子预留请求的制造网格工作流子任务，字母A、B、C、D代表资源名称，直线代表网格系统中的物理连接，数字代表联合子任务之间需要的网络带宽要求。

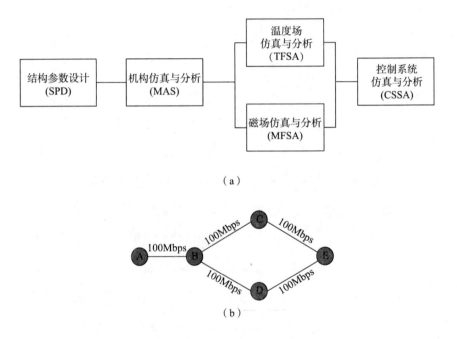

（a）

（b）

图 6 - 7　制造网格工作流实例

### 1. 概念定义

图 $MGG = (V, E, \tau, \mu, \omega)$ 表示整个制造网格系统的拓扑结构，其中 $V$ 表示资源节点集，$E \subseteq V \times V$ 表示资源节点之间的物理网络连接，$\tau$ 表示资源节点的空闲时间（也可以说是资源可以被预留的时间段），$\tau(v) = [StartTime, EndTime]$ 具体表示资源节点 $v$ 的空闲时间段，$\mu$ 表示资源节点的功能名称，$\omega$ 表示资源节点之间的网络带宽。每个资源节点 $v \in V$ 都有一

个全局唯一的编号 $id$ 。对于无向图 $MGG$ ，需要 $(v_1,v_2) \in E$ 存在 $(v_2,v_1) \in E$ ，同时，本书称 $MGG$ 为制造网格资源无向图（MGrid Resource Graphics，MGR – Graph）。

图 $TR = (V_{TR},E_{TR},\tau_{TR},\mu_{TR},\omega_{TR})$ 表示一个制造网格任务（工作流），它需要预留一系列的资源予以执行。本书把 $TR$ 称为一个联合预留（MGrid Co – Reservation Graph，MGCR – Graph），如图 6 – 7（b）所示。一般情况下，网格系统中存在多个制造网格用户同时提交任务请求的情况。因此，可以说制造网格系统存在一套动态的 MGCR – Graphs 和一个相对静态的 MGR – Graph。这里的"相对静态"的意思是指在网格用户提交任务请求时刻，可以认为制造网格系统的拓扑结构是不变的；而由于不同用户有不同需求，所提交的任务请求也是不同、变化的，所以在制造网格系统中 MGCR – Graph 是动态的。为了完成用户提交的联合预留请求，可以抽象为从 MGCR – Graph 中找到所有的 MGCR – Graphs 的子图同构（Subgraph Iso-morphism）。Garey 等人认为这是一个 NP – complete 问题[107]。为了有效地解决此问题，本节修改 Messmer 算法[108]以实现制造网格联合预留算法。

为什么要修改 Messmer 算法？由于 Messmer 过于严格定义子图，在图 6 – 8中，Messmer 算法只能从图 $G_3$ 中发现 $G_2$ 的子图同构，而不能发现 $G_1$ 的子图同构。在 Messmer 算法中，如果 $S = (V_S,E_S,\mu_S,\omega_S)$ 是 $G$ 的子图是必须有 $V_S \subseteq V$ 并且 $E_S = E \cap (V_S \times V_S)$ 。制造网格联合预留算法需要既能从图 $G_3$ 中发现 $G_2$ 的子图同构，也要能发现 $G_1$ 的子图同构。在制造网格系统中，若两资源节点之间存在网络连接，认为 MGR – Graph 中相对应的两个节点之间存在一条"边"，反之，则两节点之间没有"边"。

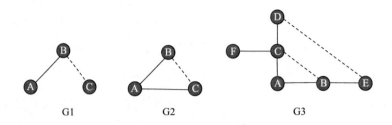

图 6-8  子图同构实例

**定义 1**：给定一个图 $G = (V, E, \tau, \mu, \omega)$，那么图 $G$ 的一个子图 $S = (V_S, E_S, \tau_S, \mu_S, \omega_S)$ 必须满足以下条件：

（1）$V_S \subseteq VZ$；

（2）$E_S \subseteq E \cap (V_S \times V_S) Z$；

（3）$\tau_S(v) = \begin{cases} \tau(v) & if v \in V_S, \\ undefined & otherwise; \end{cases}$

（4）$\mu_S(v) = \begin{cases} \mu(v) & if v \in V_S, \\ undefined & otherwise; \end{cases}$

（5）$\omega_S(v) = \begin{cases} \omega(e) & if e \in E_S, \\ undefined & otherwise。 \end{cases}$

与 Messmer 算法相比，在无向图中增加了时间参数 $\tau$，因此，两个无向图的组合定义如下：

**定义 2**：给定图 $G_1 = (V_1, E_1, \tau_1, \mu_1, \omega_1)$ 和图 $G_2 = (V_2, E_2, \tau_2, \mu_2, \omega_2)$，其中 $V_1 \cap V_2 = \varphi$，一套"边"集 $E' \subseteq (V_1 \times V_2) \cup (V_2 \times V_2)$，"边"集 $E'$ 上的带宽函数为 $\omega$，那么图 $G = (V, E, \tau, \mu, \omega)$ 是图 $G_1$ 和图 $G_2$ 的合并图，必须满足以下条件：

（1）$V = V_1 \cup V_2$；

(2) $E = E_1 \cup E_2 \cup E'$；

(3) $\tau(v) = \begin{cases} \tau_1(v) & if\, v \in V_1, \\ \tau_2(v) & if\, v \in V_2; \end{cases}$

(4) $\mu(v) = \begin{cases} \mu_1(v) & if\, v \in V_1, \\ \mu_2(v) & if\, v \in V_2; \end{cases}$

(5) $\omega(v) = \begin{cases} \omega_1(v) & if\, v \in E_1, \\ \omega_2(v) & if\, v \in E_2, \\ \omega(v) & if\, v \in E'。 \end{cases}$

2. 分解 MGCR – Graphs

$B = \{TR_1, TR_2, \cdots, TR_n\}$ 表示一系列 MGCR – Graphs 的集；$D(B)$ 表示 $B$ 的分解结果，实质上是一个四元组 $(TR, TR', TR'', E)$ 的集合，其中：

(1) $TR$，$TR'$ 和 $TR''$ 各表示一个图，而且 $TR' \subset TR$，$TR'' \subset TR$；

(2) $E$ 表示边集，使得 $TR = TR' \cup_E TR''$；

(3) 对于每个图 $TR_i$ 都存在一个四元组 $(TR, TR', TR'', E) \in D(B)$，其中 $TR = TR_i$，$i = 1, \cdots, n$；

(4) 对每个四元组 $(TR, TR', TR'', E) \in D(B)$，$D(B)$ 中不存在另一个四元组 $(TR_1, TR'_1, TR''_1, E_1) \in D(B)$ 其中 $TR = TR_1$；

(5) 对于每个四元组 $(TR, TR', TR'', E) \in D(B)$：

1）如果图 $TR'$ 包含多个节点，则存在一个四元组 $(TR_1, TR'_1, TR''_1, E_1) \in D(B)$ 其中 $TR' = TR_1$；

2）如果图 $TR''$ 包含多个节点，则存在一个四元组 $(TR_3, TR'_3, TR''_3, E_3) \in D(B)$ 其中 $TR' = TR_3$；

3）如果图 $TR''$ 只包含一个节点，则不存在另一个四元组（$TR_4$，$TR'_4$，$TR''_4$，$E_4$）$\in D(B)$ 其中 $TR'' = TR_4$。

分解 MGCR - Graphs 算法是一个迭代过程，起始于一系列的完整的图 MGCR - Graphs $TR$，最终结束于只包含一个节点的图。$D(B)$ 中的每一个节点代表制造网格中一个子任务的资源预留请求。需要注意的是，分解 MGCR - Graphs 算法需充分利用已经被分解的图。例如，几个图 $TR_i$，$TR_j$，……都包含一个公共的子图 $G$，或者一个 MGCR - Graph $TR$ 中包含多个一样的图 $G$，则分解算法只分解一次图 $G$。分解集 $D(B)$ 可以用 $\{(S_1,$ $S'_1,S''_1,E_1)$，…，$(S_m,S'_m,S''_m,E_m)\}$ 表示，具体分解过程如图 6 - 9 所示。

---

Decomposition（$B$）
  1. 让 $B = \{TR_1,TR_2,\cdots,TR_n\}$ 和 $D(B) = \varphi$。
  2. for i = 1 to n.
      Decompose（$TR_i$）.
    end

---

Decompose（$TR$）
  1. 让 $D$ 代表一个分解且 $S_{\max} = \varphi$。
  2. 如果 $|V_{TR}| = 1$ 则退出该程序。
  3. 对于所有（$TR_i$，$TR'_i$，$TR''_i$，$E_i$）$\in D(B)$
     如果 $TR_i$ 是 $TR$ 的一个子图且 $S_{\max}$ 小于 $TR_i$ 则让 $S_{\max} = TR_i$。
  4. 如果 $S_{\max} \neq \varphi$ 则
    （a）如果 $|V_{S_{\max}}| = |V_{TR}|$ 则
       如果 $|E_{S_{\max}}| = |E_{TR}|$ 则退出该程序；
       否则 $|E_{S_{\max}}| < |E_{TR}|$ 则。
           向 $D$ 中添加（$TR,S_{\max},NULL,E$），其中 $E = E_{TR} - E_{S_{\max}}$ 然后退出该程序。
    （b）否则 $|V_{S_{\max}}| < |V_{TR}|$ 则到 Step 6。
  5. 如果（$S_{\max} = \varphi$）&（$|V_{TR}| > 1$）则
    （a）随机选择 $TR$ 的一个子图 $S_{\max}$。
    （b）Decompose（$S_{\max}$）.
  6. Decompose（$TR - S_{\max}$）.
  7. 向 $D$ 添加（$TR,S_{\max},TR - S_{\max},\Delta E$），其中 $\Delta E = E_{TR} - E_{S_{\max}} - E_{TR-S_{\max}}$。

图 6 - 9　分解 MGCR - Graphs 算法伪代码

116

根据定义 1, 已知给定一个图和它的节点子集, 它的子图不是唯一的。也就是说, 如果 $S_{max}$ 和 $TR_i$ 都是图 $TR$ 的子图, 并且 $V_{S_{max}} = V_{TR_i}$, 也不能确定 $S_{max} = TR_i$。在第 7 步中, $\Delta E = E_{TR} - E_{S_{max}} - E_{TR-S_{max}}$ 表示属于 $TR$ 但不属于 $S_{max}$ 和 $TR - S_{max}$ 的边集, 不仅仅是在图 $TR$ 中 $S_{max}$ 和 $TR - S_{max}$ 之间的边, 因为可能存在这样的边: $E_{S_{max}} \subset E_{TR} \cap (V_{S_{max}} \times V_{S_{max}})$ 但不是 $E_{S_{max}} = E_{TR} \cap (V_{S_{max}} \times V_{S_{max}})$。

3. 子图同构

经过上面的分解过程, 每个 MGCR-Graph 都被分解为单个的节点和相应的边。例如, 图 7 (b) 中的图可以分解为 5 个节点和 5 条边。在 $D(B)$ 中单个的节点也用 $SG = (V_{SG}, E_{SG}, \tau_{SG}, \mu_{SG}, \omega_{SG})$ 来表示, 只不过 $|V_{SG}| = 1$ 而已。如果两个图 $TR_i$ 和 $TR_j$ 都包含同一个节点, 则在 $D(B)$ 中只存在一个节点。通过这种方式, 尽最大程度地减少 $D(B)$ 中节点数量, 进而减少 CRMs 匹配工作量, 大大提高系统的效率。为了发现适合执行子任务的所有候选资源节点, CRMs 将根据第五章的匹配算法匹配 $D(B)$ 中所有节点与 $MGG$ 中所有节点。同时, CRMs 将检查资源节点的时间是否满足预留的要求。如果有这样的资源节点, CRMs 将记录该节点的编号。这个编号则称为 $SG$ 到 $MGG$ 的子图同构, $F_{SG}$ 表示图 $SG$ 所有的子图同构。

下面需要进行子图同构的合并过程。对于任意的 $(S, S_1, S_2, \Delta E) \in D(B)$, $F_1, F_2$ 分别代表 $S_1$、$S_2$ 到 $MGG$ 的子图同构。$\Delta E$ 表示存在于图 $S$ 中, 但不存在于 $S_1$ 和 $S_2$ 中的边集。制造网格联合预留合并的算法如图 6 - 10 所示。

---

Combine $\left[\ (S,S_1,S_2,\Delta E),F_1,F_2,MGG\ \right]$

1. 让 $S = (V_S,E_S,\tau_S,\mu_S,\omega_S)$ $S_1 = (V_1,E_1,\tau_1,\mu_1,\omega_1)$ $S_2 = (V_2,E_2,\tau_2,\mu_2,\omega_2)$，$MGG = (V,E,\tau,\mu,\omega)$ 和 $F = \varphi$．

2. 如果 $S_2 = NULL$

  对每一个 $f_1 \in F_1$：

    对每条边 $\Delta e = (v_1,v_2) \in \Delta E$：

      （1）观察条件（a）和（b）：

        （a）$e = \left[f_1(v_1),f_1(v_2)\right] \in E$；

        （b）$w_S(\Delta e) = w(e)$．

      （2）如果（a）和（b）都成立，则让子图同构 $f:V_1 \cup V_2 \to V$，$S_1 \cup_{\Delta E} S_2 \to MGG$ 定义为：$f(v) = f_1(v)$．向集合 $F$ 添加 $f$，如 $F = F \cup \{f\}$．

3. 否则 $S_2 \neq NULL$

  对所有成对的 $f_1,f_2$，其中 $f_1 \in F_1$，$f_2 \in F_2$：

    观察条件（1）和（2）：

    （1）$f_1(V_1) \cap f_2(V_2) = \varphi$

    （2）对每条边 $\Delta e = (v_1,v_2) \in \Delta E$

      （a）如果 $v_1 \in V_1$ 和 $v_2 \in V_1$，则存在一条边 $e = \left[f_1(v_1),f_1(v_2)\right] \in E$ 且 $w_S(\Delta e) = w(e)$．

      （b）否则若 $v_1 \in V_2$ 和 $v_2 \in V_2$，则存在一条边 $e = \left[f_2(v_1),f_2(v_2)\right] \in E$ 且 $w_S(\Delta e) = w(e)$．

      （c）否则若 $v_1 \in V_1$ 和 $v_2 \in V_2$，则存在一条边 $e = \left[f_1(v_1),f_2(v_2)\right] \in E$ 且 $w_S(\Delta e) = w(e)$．

      （d）否则 $v_1 \in V_2$ 和 $v_2 \in V_1$，则存在一条边 $e = \left[f_2(v_1),f_1(v_2)\right] \in E$ 且 $w_S(\Delta e) = w(e)$．

    如果（1）和（2）同时成立，则让子图同构 $f:V_1 \cup V_2 \to V$，$S_1 \cup_{\Delta E} S_2 \to MGG$ 定义如下：

$$f(v) = \begin{cases} f_1(v),\ if\ v \in V_1 \\ f_2(v),\ if\ v \in V_2 \end{cases}$$

    将 $f$ 添加到集合 $F$，如 $F = F \cup \{f\}$．

4. 返回 $F$．

图 6 - 10　合并算法伪代码

根据上述的分解算法和合并算法，就能正式地形成了制造网格联合预留算法了，如图 6-11 所示。该算法的输入只有两项：$D(B)$，$MGG$。正如第 6.2.1 节所述，一个 CRM 部署于一个 VO 内，一个 VO 内有众多的资源提供者和资源需求者。在制造网格联合预留的应用中有如下两种情况：

（1）某一时刻，只有一个资源需求者向 CRM 提出联合预留请求；

（2）某一时刻，多个资源需求者向 CRM 提出多个联合预留请求。

而本章节所提出的制造网格联合预留算法能适应于以上两种情况。理由如下：对于第一种联合预留情况，只需设置 $B = \{TR_1, TR_2, \cdots, TR_n\}$ 中 $n = 1$。CRMs 将从制造网格系统中选择出所有有效的候选资源节点，最终为联合预留请求者提供一套候选资源节点的编号索引。每一个编号索引代表制造网格系统中一个有效的资源节点。

---

MGrid – CR – algorithm $[D(B), MGG]$

---

1. 让 $D(B) = \{(S_1, S'_1, S''_1, E_1), \cdots, (S_m, S'_m, S''_m, E_m)\}$，$P$ 表示 $D(B)$ 中所有图，如 $P = \cup_{i=1}^{n} \{S_i, S'_i, S''_i\}$.

2. 对所有 $S \in P$，将 $S$ 标记为 *unsolved*.

3. 对所有 $S = (V_S, E_S, \mu_S, \omega_S) \in P$ 且 $|V_S| = 1$

   （1）$F_S = FS - matching(S, MGG)$.

   （2）如果 $F_S = \varphi$ 则标记 $S$ 为 *dead*；否则标记 $S$ 为 *alive* 并记录 $S$ 的 $F_S$.

4. 若 $S \in P$ 且标记为 *unsolved*，则

   （1）选择 $(S, S_1, S_2, \Delta E) \in D(B)$ 其中 $S$ 是标记为 *unsolved* 且 $S_1$ 和 $S_2$ 都标记为 *alive*. 如果没有则到 Step5.

   （2）让 $F_1, F_2$ 分别代表从 $S_1$ 和 $S_2$ 到 $MGG$ 的子图同构集合.

   （3）$F_S = Combine[(S, S_1, S_2, \Delta E), F_1, F_2, MGG]$.

   （4）如果 $F_S = \varphi$ 则标记 $S$ 为 *dead*；否则标记 $S$ 为 *alive* 且记录 $S$ 的 $F_S$.

5. 对每个 MGAR – Graph 标记为 *alive* 的 $TR_i$，输出 $TR_i$ 子图同构.

---

**图 6-11　制造网格联合预留算法伪代码**

## 6.3　联合预留算法举例

在图 6 - 12 中，图 $G_1$ 和 $G_2$ 是两个 MGCR - Graph，图 $G$ 是 MGR - Graph。制造网格联合预留算法将同时寻找两个图 $G_1$ 和 $G_2$ 的子图同构。在图 $G$ 中，蓝色圆圈旁边的数字代表制造网格系统中资源节点唯一的编码。为了便于说明，本节中暂不比较时间参数。

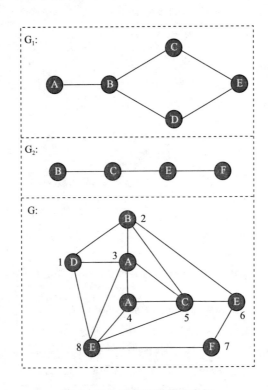

**图 6 - 12　联合预留算法实例**

图 $G_1$ 和 $G_2$ 之间最大的公共子图为图 g8，它们最终分解为 6 个节点 g1，g2，g3，g4，g5，g6。首先，联合预留算法将发现 g1，g2，g3，g4，g5，g6 的子图同构。例如，图 g2 的子图同构为 {3}，{4}。其次，联合预留算法将较小的子图同构合并，直到组成为一个完整的图（图 $G_1$，$G_2$）。在图 6 - 13 中，图 g1 的子图同构为 {1}，图 g9 有两个子图同构 {3 2 5 6} 和 {3 2 5 8}，然而只有 {1} 和 {3 2 5 8} 合并才是有效的。因为节点 {1}

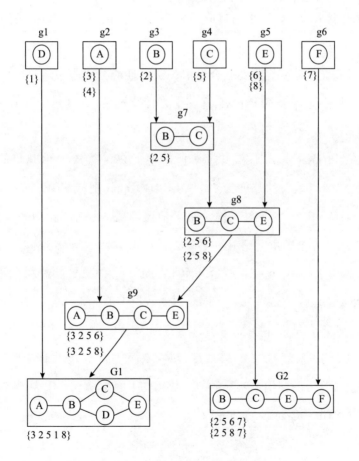

**图 6 - 13   图 $G_1$ 和 $G_2$ 分解过程**

和 {6} 之间没有边，所以最终图 $G_1$ 的子图同构为 {3 2 5 1 8}，图 $G_2$ 的子图同构为 {2 5 6 7} 和 {2 5 8 7}。至此，制造网格联合预留算法的目的就是发现图 MGCR – Graph 到图 MGR – Graph 所有子图同构。

现在比较 Messmer 算法，以便更明确地指出本章所提出的算法的差异。根据 Messmer 算法，{3 2 5 1 8} 不是 $G_1$ 到 $G$ 的子图同构，{2 5 6 7} 也不是 $G_2$ 到 $G$ 的子图同构。然而，本章所提出的联合预留算法则能发现这种类型的子图同构，更重要的是制造网格系统联合预留需要发现这样的子图同构。

为了验证本章所提出的联合预留算法的性能，实验中随机产生所需的无向图，算法运行于 Matlab V7.6 和个人计算机平台（CPU：3.39GHz，内存：2G）上。

MGR – Graph 由 BRITE 工具产生，包括 1000 个节点和 2000 条边。最小的邻度为 2，最大的邻度为 19。MGCR – Graph 则从 MGR – Graph 产生，这样能保证一定存在子图同构，便于验证算法的可行性。每个 MGCR – Graph 中的节点个数由 1 到 10，另外，假设 MGCR – Graph 中节点的名称与节点个数相同。如图 6 – 14 所示，MGCR – Graph 的数量设置为 1 到 20，其中节点的数量设置为从 1 ~ 10，同时边的数量由 1 ~ 12。算法的运行时间如图 6 – 14 所示，从图中明显看出，随着图 MGCR – Graph 数量 $B$ 的增加和 MGCR – Graph 规模的扩大，算法运行时不断增加。这是由于以上两个因素的增加意味着子图同构中匹配的节点数目在不断地增加，CRM 需要为每一个节点向 MGR – Graph 搜索匹配。

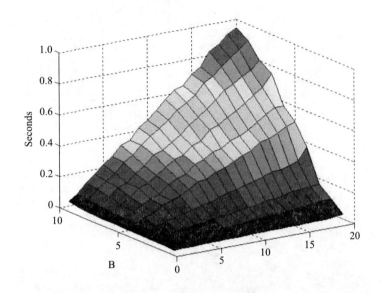

**图 6 – 14  随 MGCR – Graph 和 *B* 大小变化算法所耗费的时间**

下面验证相同子图对联合预留算法的影响。MGCR – Graph 中包含相同节点的数目设置为 3 ~ 8。从图 6 – 15 可以看出，随着相同子图的数目的增加，算法运行时在明显地减少，这也表明该算法对子图同构中相同子图的规模很敏感，这个特性对制造网格联合预留有很大作用。因为在制造网格系统，若大量的联合预留请求中包含若干个相同的资源请求，该算法将能提供效率较高的搜索性能，减少系统负荷，有助于系统的稳定性。

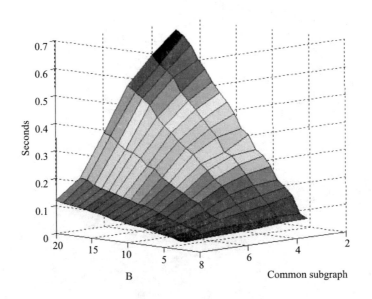

图 6 - 15　相同子图对算法的影响

# 6.4　本章小结

本章讨论了制造网格系统中预留问题，特别针对制造业的实际应用情况，重点研究了联合预留关键问题，包括联合预留框架，联合预留算法。

# 第七章

## 基于混沌量子进化的制造网格资源调度

　　以经济、便捷的方式，执行复杂的制造任务（工作流）是开发制造网格系统的最终目的和动力。现有的网络化制造信息系统[109]都能胜任单一、多种制造资源发布和购买，以及某些特殊制造任务的执行，但是这些信息系统面向的行业过于狭窄，不能被广泛地推广使用。工作流是工业界和科学界广泛采用的一种完成复杂任务的形式，而资源调度则是从空间和时间上将资源匹配到工作流中的每一个子任务上。本章所提出的制造网格资源调度就是专门针对工作流情形的，然而，由于制造网格资源的特性，资源调度是制造网格资源管理中一个棘手的问题[110]。为此，本章首先简要介绍一下制造网格系统中工作流架构，从中引出本章所要讨论的问题。

# 7.1 制造网格工作流

Hu 和 Li[11]将制造网格工作流定义为：为了完成一个特定的制造任务，执行于 VO 中异构的、分布的、顺序的资源节点上的活动流程。从资源提供者的角度，工作流为其扩大了资源使用范围，使其不仅可以完成单一制造任务，还可以参与复杂的、多工序的制造生产任务；从资源消费者的角度，工作流为其完成复杂生产任务提供一个透明、无缝的管理方式。为了实现资源的优势互补、经济效益的提高，资源调度成为制造网格工作流管理中一个重点问题。前期研究将制造网格任务分为两类：单一资源服务请求任务和多个资源服务请求任务[60]。

本节提出一个制造网格工作流架构，如图 7-1 所示。它是一个较为抽象的架构，没有考虑所用的语言、平台、算法，但是它能概括出制造网格

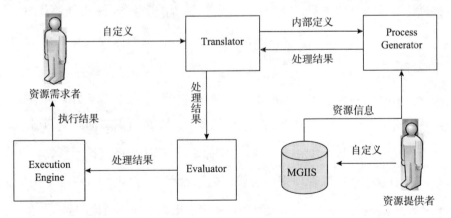

**图 7-1  制造网格工作流架构**

系统中工作流从定义到执行的过程。

从图 7 – 1 中可以看出，该架构主要有两个参与者：资源需求者和资源提供者。资源提供者发布资源信息，资源需求者消费、使用这些资源。该架构还包括：Translator，Process Generator，Evaluator，Execution Engine 和 MGIIS。Translator 负责将用户使用各种各样的语言定义的制造任务映射为制造网格系统采用的内部语言，以便于系统对工作流的建模。Process Generator 将从 MGIIS 中搜索、匹配资源信息来满足资源需求者的需求。Evaluator 负责评估 Process Generator 生成的每一个工作流方案。Execution Engine 负责根据选定的方案执行工作流任务。因此，制造网格工作流的流程主要包括以下 5 个步骤：

（1）描述资源：资源提供者将自己的资源描述后提交到制造网格系统中，具体细节见第 5.1 节。

（2）语言映射：目前还没有统一的资源建模语言。各个用户会根据自己的实际情况选用合适的语言来描述资源，而制造网格系统则需要采用一个正式的、精确的语言来处理资源信息。因此，制造网格资源管理系统需要"语言映射"功能。

（3）生成方案：Process Generator 将各个资源组合排列来满足资源提供者的需求，包括符合需求的资源，资源之间的控制流等。

（4）资源调度：一般情况下，制造网格资源市场中存在大量资源满足用户的需求，因此，Process Generator 可能产生大量的工作流执行方案。这种情况下，需要根据这些资源的 QoS 属性信息进行方案效用（Utility）的评估，其中，资源管理者需要指定各个属性的权重（Weights）。制造网格资源管理系统调度的质量要根据方案评估的结果来决定。

（5）执行方案：资源需求者选定一个工作流执行方案后，该方案需要在网格系统中执行。每个资源节点按顺序执行相对应的子任务。

在前期的研究中，将工作流分为 4 种基本模型，即串联模型、循环模型、并联模型和选择模型[60]。除了串联模型外，其他 3 种模型在资源调度方案评估中计算比较复杂。为此，前期研究中将 4 种基本模型进行数学模型的合并，从而简化了计算上的复杂度，如图 7-2 所示，其中包含有如下定义：

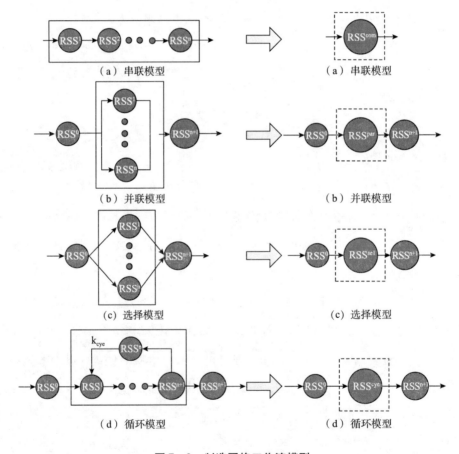

（a）串联模型　　　　　　　　　　　　（a）串联模型

（b）并联模型　　　　　　　　　　　　（b）并联模型

（c）选择模型　　　　　　　　　　　　（c）选择模型

（d）循环模型　　　　　　　　　　　　（d）循环模型

图 7-2　制造网格工作流模型

**定义 1**：制造网格工作流形式化表示为 $T = \{ST^1, ST^2, \cdots, ST^j, \cdots, ST^N\}$ ($N = 1,2,3\cdots\cdots$)，其中 $ST^j(j = 1,2,3\cdots N)$ 表示工作流 $T$ 中第 $j$ 个任务。

**定义 2**：符合任务 $ST^j(j = 1,2,3\cdots N)$ 需求的候选资源服务集（Resource Service Set，RSS）为 $RSS^j = \{1,2,\cdots,m_j\}$，即制造网格系统有 $m_j(m_j = 0,1,2,3\cdots\cdots)$ 个资源可以执行任务 $ST^j$。

## 7.2 制造网格 QoS

制造网格环境下资源调度是跨多个管理域的，如何保证资源调度的质量就成为制造网格资源管理中一个关键问题，网格 QoS 在解决此问题中起到了基础性作用。

文献［49］提出了支持资源预留和配置的网格资源管理通用架构，并在 GARA 中提供了计算资源的有关 QoS 控制接口。文献［50］将网格 QoS 参数分为记账 QoS、服务 QoS、临时 QoS（Provisional QoS）、可靠度 QoS 和安全 QoS 5 种类型。文献［111］将制造资源 QoS 属性分为交货时间（Time）、加工质量（Quality）、加工费用（Cost）、售后服务（Service）、信誉度（Creditability）和可靠度（Reliability）。文献［114］使用一维 QoS 参数为标准改进网格资源调度 Min – Min 算法，从而极大地缩短了任务的执行时间。文献［115］提出的制造网格资源管理系统架构包含了 QoS 管理模块，用以提供 SLA 管理、资源预留和 QoS 策略管理。

综观上述文献，制造网格 QoS 的早期工作主要是提出了 QoS 分类、QoS 参数及以 QoS 为标准的资源调度算法。实质上，这些 QoS 参数可以归纳为物理资源的属性信息，它们位于网格系统中的最底层，但是 QoS 在网格系统中不同层次上的作用和表现形式不同。因此，有必要对制造网格 QoS 层次结构进一步探讨研究。

根据第二章制造网格系统架构的分层特点，将制造网格 QoS 分为 3 个层次（见图 7 - 3），通过各层之间 QoS 参数的映射，共同组成一个有机的整体，为制造网格资源调度提供更有力的支持。

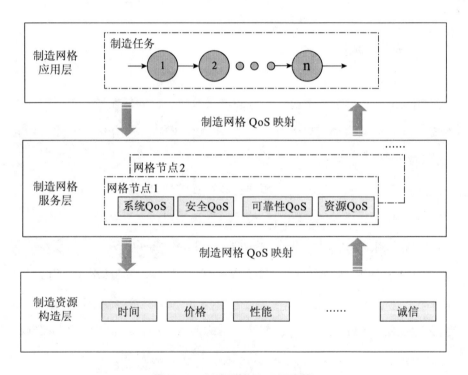

图 7 - 3　制造网格 QoS 层次图

1. 制造网格应用层 QoS

制造网格应用通过访问合适的网格资源节点来完成各种任务，它们不关心如何调度和共享资源，而是关心网格资源节点是否满足任务对资源的质量服务要求，即以制造任务的 SLA 为标准。制造网格应用可能由一个网格资源节点即可完成，也可能需要多个网格资源节点按照一定顺序来执行，本书把这些执行任务的网格节点抽象为工作流。对于工作流的情况，制造任务的 SLA 需要从各个网格资源节点 QoS 出发进行统一的映射，确保网格资源节点的 QoS 满足制造任务的 SLA 需求。

本书将制造网格工作流用有向图来表示，图的节点表示网格资源节点，图的边表示网格资源节点之间的物流或数据流。网格资源节点是资源调度的最小单位，一个工作流由多个网格资源节点共同配合执行。QoS 是针对网格资源节点而言的，那么，为了确保制造任务的 SLA 需求就必须描述和测量网格资源节点的 QoS。

2. 制造网格服务层 QoS

这一层是制造网格 QoS 关键的中间层，将制造任务的 SLA 需求映射到某一类的制造网格 QoS，并将制造资源构造层中的 QoS 整合简化。通过这种方式，制造网格服务层不仅能屏蔽物理资源的异构性、地域性，还能降低制造资源构造层的 QoS 的复杂性和多样性。为此，在前期工作中对制造网格 QoS 的分类进行了研究[116]。一方面可以很详细地表达制造网格 QoS 参数的特性；另一方面可以很方便地将制造资源构造层的 QoS 参数分别映射转换成制造网格服务层的 QoS 参数，或者反方向的 QoS 参数转换。本书将采取其中 6 个主要指标作为制造网格资源调度标准，即时间（$T$）、费用（$C$）、可靠性（$Rel$）、功能相似性（$FS$）、可维护性（$Ma$）、信任度（$Trust$），则 QoS 模型为：$QoS = (T, C, Rel, Ma, Trust, FS)$。

3. 制造资源构造层 QoS

这一层作为最底层，主要负责获取各个物理资源的 QoS 属性参数，以支撑制造网格服务层的 QoS 映射。根据制造资源的分类，即人力资源、设备资源、技术资源、物料资源、应用系统资源、服务资源、用户信息、计算机资源和其他相关资源，分别统计、添加制造资源的 QoS 属性指标，从而建立一个完整的制造网格底层资源 QoS 体系。

## 7.3　制造网格资源调度

制造网格环境下资源调度是一个复杂的问题，资源种类多、范围广，需要考虑的因素也很复杂。若一个工作流中包含较多的任务，经由第五章资源发现或第六章资源预留得到候选资源集，其资源组合数量将是极其巨大的。因此，制造网格资源调度问题也是计算领域的 NP – Hard 问题。为了获得最为合理的方案，需要一种高效的方法从众多的资源组合方案中找出最优的一个作为调度计划，即为多目标约束优化问题找到有效的解决方案。

本书为解决制造网格资源调度中的组合方案优化问题，将量子进化算法与混沌算法结合起来，提出了混沌量子进化算法，该算法既利用了量子进化算法的并行性，又保留了混沌算法的全局搜索的特点。

量子计算最早由 20 世纪 80 年代的 Beinoff 和 Feynmann 先后提出[117]。Benioff 提出了利用量子物理的二态系统模拟数位 0 与 1，可以设计出更有效能的计算工具的设想。随后，Feynman 发展了 Benioff 的设想，提出了按照量子力学规律工作的计算机概念。1996 年 Grover 针对数据处于无序状态的数据库，提出了一种量子搜索算法，将搜索步骤从经典算法的 $N$ 缩小到

$\sqrt{N}$[119]。量子计算利用了量子理论中有关量子态的叠加态、干涉性和纠缠性，通过量子的并行计算来加速 NP 问题的求解[120]。进化算法从本质上是模拟生物系统、种群之间适应环境、相互作用、不断进化、优化的启发式搜索算法。而量子进化算法是将量子计算与传统的进化算法相结合，在使用相同时间和存储量的计算资源时为传统进化算法提供巨大的增益。下面介绍制造网格资源调度中将要采用的基本概念和原理。

## 7.3.1 量子进化算法

1. 量子比特

在经典计算中，采用 0 和 1 二进制数表示信息，通常称为比特（bit）。在量子计算中，采用 |0> 和 |0> 表示微观粒子的两种基本状态，这两种基本状态的线性组合就称为量子比特（Quantum Bit）。称"| >"为狄拉克（Dirac），它在量子力学中表示状态。比特与量子比特的区别在于：量子比特除了可以表示 0 和 1 之外，还可以表示两种状态之间的线性组合态，这就是其叠加性，形式化表示为

$$| \phi > = \alpha | 0 > + \beta | 1 >$$

其中 $\alpha$ 和 $\beta$ 是一对复数，且满足 $| \alpha |^2 + | \beta |^2 = 1$。

2. 量子染色体

在量子进化算法中，量子比特是最小的信息单位。当由多个量子比特组成起来就称为量子染色体，具体形式化表示为

$$q = \begin{bmatrix} \alpha_1 & \alpha_2 & \alpha_3 & \cdots\cdots & \alpha_m \\ \beta_1 & \beta_2 & \beta_3 & & \beta_m \end{bmatrix} \qquad (7-1)$$

其中 $m = 1,2,3,\cdots\cdots$ 表示量子比特的个数，且 $| \alpha_i |^2 + | \beta_i |^2 = 1(i =$

$1,2,3,\cdots,m$）。

当有若干个量子染色体组成的一个种群，形式化可以表示为

$$Q(t) = \{q_1^t, q_2^t, q_3^t, \cdots, q_n^t\}$$

其中 $n$ 表示该种群中包含量子染色体的数目，$t$ 表示种群进化的代（generation）数。

$Q(t)$ 对应的二进制解决方案为 $P(t) = \{X_1^t, X_2^t, X_3^t, \cdots, X_n^t\}$，其中 $X_j^t = (x_{j1}^t, x_{j2}^t, x_{j3}^t, \cdots, x_{jm}^t)(j = 1,2,\cdots,n)$ 是通过观察量子染色体 $q_j^t$ 所获得：

$$\forall \zeta \in [0,1], \ x_{ji}^t = \begin{cases} 1, & \text{当 } \zeta < |\beta_{ji}^t|^2 \text{ 时} \\ 0, & \text{其他} \end{cases} \quad (i = 1,2,3,\cdots,m)$$

### 3. 量子旋转门

在量子进化算法中，量子比特中状态的变化是通过量子门来实现的。量子门有非门，控制非门，旋转门，Handamard 门等[121]。因旋转门实现简单、效果理想，本书采用旋转门作为量子门，即量子旋转门，量子比特中状态的变化也称为量子比特旋转。

量子比特旋转的数学表达式为：

$$\begin{bmatrix} \alpha_{ji}^{t+1} \\ \beta_{ji}^{t+1} \end{bmatrix} = U_{ji}^t \times \begin{bmatrix} \alpha_{ji}^t \\ \beta_{ji}^t \end{bmatrix}, \ (i = 1,2,3,\cdots,m) \quad (7-2)$$

其中 $m$ 是量子染色体 $q_j^t$ 中量子比特的数目，量子旋转门 $U_{ji}^t$ 由下式定义，

$$U_{ji}^t = \begin{bmatrix} \cos(\theta_{ji}^t) & -\sin(\theta_{ji}^t) \\ \sin(\theta_{ji}^t) & \cos(\theta_{ji}^t) \end{bmatrix}, \ \theta_{ji}^t = \rho(\alpha_{ji}^t, \beta_{ji}^t) \cdot \Delta\theta \quad (7-3)$$

其中 $\theta_{ji}^t$ 量子比特趋向状态"0"或"1"的旋转角度，可以通过表7-1
查询，$\Delta\theta$ 在本书中设置为 $0.09\pi$。

表7-1中 $b_i$ 表示当前最优方案 $B$ 中第 $i$ 个量子比特的二进制解，$f(\cdot)$ 表
示适应函数，将在后面予以阐述。原始量子进化算法步骤如图7-4所示：

**表7-1 量子进化算法中旋转角列表**

| $x_{ji}^t$ | $b_i$ | $f(X_j^t) \geqslant f(B)$ | $\Delta\theta$ | $\rho(\alpha_{ji}^t, \beta_{ji}^t)$ | | | |
|:---:|:---:|:---:|:---:|:---:|:---:|:---:|:---:|
| | | | | $\alpha_{ji}^t\beta_{ji}^t > 0$ | $\alpha_{ji}^t = 0$ | $\alpha_{ji}^t\beta_{ji}^t < 0$ | $\beta_{ji}^t = 0$ |
| 0 | 0 | False | $0.09\pi$ | $-1$ | $\pm 1$ | $+1$ | $\mp 1$ |
| 0 | 0 | True | $0.09\pi$ | $-1$ | $\pm 1$ | $+1$ | $\pm 1$ |
| 0 | 1 | False | $0.09\pi$ | $+1$ | $\mp 1$ | $-1$ | $\pm 1$ |
| 0 | 1 | True | $0.09\pi$ | $-1$ | $\pm 1$ | $+1$ | $\mp 1$ |
| 1 | 0 | False | $0.09\pi$ | $-1$ | $\pm 1$ | $+1$ | $\mp 1$ |
| 1 | 0 | True | $0.09\pi$ | $+1$ | $\mp 1$ | $-1$ | $\pm 1$ |
| 1 | 1 | False | $0.09\pi$ | $+1$ | $\mp 1$ | $-1$ | $\pm 1$ |
| 1 | 1 | True | $0.09\pi$ | $+1$ | $\pm 1$ | $-1$ | $\pm 1$ |

Step 1：设置 $t = 0$；
Step 2：初始化一群量子个体 $Q(t)$；
　　　　观察 $Q(t)$ 的状态得到 $P(t)$；
　　　　使用适应度函数 $f(X_j^t)$ 评估 $P(t)$；
　　　　将 $P(t)$ 中最优方案存到 $B$ 中；
Step 3：while 迭代标准 $K_1$ 没有达到时，
　　　　$t = t + 1$；
　　　　观察 $Q(t-1)$ 的状态得到 $P(t)$；
　　　　评估 $P(t)$；
　　　　使用量子门更新 $Q(t)$；
　　　　将 $P(t)$ 和 $B$ 中最优方案存到 $B$ 中；
　　　　End.

**图7-4 原始量子进化算法步骤**

## 7.3.2 混沌搜索

混沌现象是一种普遍存在的复杂的运动形式，是确定的系统所表现的内在随机行为的总称，其根源在于系统内部的非线性交叉耦合作用，而不在于大量分子的无规则运动。混沌现象具有如下特征：①随机性，即具有类似随机变量的不确定性，然而这种不确定性不是来源于外部环境的随机因素对系统运动的影响，而是系统自发产生的；②遍历性，即混沌运动在其混沌区域内是各态历经的，在有限时间内混沌轨道经过混沌区内的每个状态点；③规律性，即混沌不是纯粹的无序，而是不具备周期性和其他明显对称特征的有序态；④有界性，混沌运动的轨迹始终局限于一个确定的区域，这个区域称为混沌吸引域，因此从整体上说混沌系统是稳定的。

混沌搜索是利用混沌现象的特征，具有全局搜索能力，有效跳出局部优化的能力[122]。本章采用一维 Logistic 映射来产生混沌变量，Logistic 映射的形式如下：

$$x_{cn+1} = \mu \cdot x_{cn}(1 - x_{cn}) , (cn = 0,1,2,\cdots\cdots 且 0 \leqslant x_0 \leqslant 1) \quad (7-4)$$

如图 7-5 所示，其中 $\mu \in (3,3.449)$ 时周期为 2，在 $\mu \in (3.449,3.544)$ 时周期为 4，随着 $\lambda$ 的增加，分岔越来越密，混沌程度越来越高，直至 $\mu = 3.569$ 时分岔周期变为 $\infty$，最后"归宿"可取无穷多的不同值，表现出极大的随机性。而周期无穷大就等于没有周期，此时系统开始进入完全的混沌状态，本书中取 $\mu = 4$，简易的混沌搜索算法如图 7-6 所示。

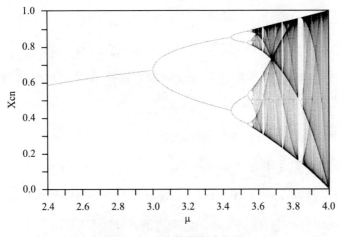

**图7-5 混沌倍周期分岔图**

Step 1：设置最大迭代次数 $K_2$，初始化最佳适应度值 $f^*$ 和混沌变量 $x_0$；

Step 2：将混沌变量 $x_{cn}$ 转化为实际优化问题中的决策变量；

Step 3：使用适应度函数 $f(\cdot)$ 和决策变量评估新的优化方案的适应度值；

Step 4：如果新方案的适应度值大于存储的最优方案的值，则把新方案作为当前
最优方案，并更新当前最大适应度值 $f^*$；

Step 5：当达到最大迭代次数时，输出最优方案及其适应度值；否则，$cn = cn +$
1，使用等式（7-4）计算 $x_{cn}$，然后返回到 Step 2.

**图7-6 简易的混沌搜索算法**

## 7.3.3 混沌量子进化算法

为了充分利用混沌搜索的全局搜索能力和量子进化的并行计算性，本
书创新地将两者结合起来，提出基于混沌量子进化的制造网格资源调度算

法，其具体步骤如下：

Step 1：给定一个制造网格工作流 $T = \{ST_1, ST_2, ST_3, \cdots, ST_N\}$，$M_j$ 是任务 $ST_j(j = 1, 2, \cdots, N)$ 候选资源的数量。根据第 7.3.1 节，让 $m$ 表示 $M_1$，$M_2, \cdots, M_N$ 二进制数的位数之和（如何对资源进行编码解码请参考 7.3.4 节）。

Step 2：设置 $t = 0$，并初始化一批量子染色体 $Q(t) = \{q_1^t, q_2^t, q_3^t, \cdots, q_n^t\}$，其中每个量子染色体 $q_i^t(i = 1, 2, \cdots, n)$ 中量子比特的长度都为 $m$。

Step 3：根据 7.3.1 节，通过观察量子染色体种群 $Q(t) = \{q_1^t, q_2^t, q_3^t, \cdots, q_n^t\}$，得出相对应的二进制解决方案 $P(t) = \{X_1^t, X_2^t, X_3^t, \cdots, X_n^t\}$。

Step 4：因量子比特在旋转过程中可能会超出应用范围，需对 $P(t)$ 进行调整，具体步骤请参照图 7 – 7。

Step 5：使用适应度函数来评估 $P(t)$，并保存其中最优的方案到 $B$ 中。

Step 6：使用量子旋转门更新 $Q(t)$。

Step 7：重复 Step 3 到 Step 6，直到 $B$ 在迭代次数 $K_1$ 内不再变化为止。

Step 8：计算混沌变量 $r_j = |1 + x_{cn}(M_j - 1)|$ $(j = 1, 2, \cdots, N)$，即 $r_j$ 取 $1 + x_{cn}(M_j - 1)$ 的整数部分，将 $r_j$ 作为和候选资源的序号，进行混沌搜索。如果方案 $R$ 优于 $B$，则根据第 7.3.4 节提出的方法将 $R$ 转化为二进制表示 $RX$，并将 $RX$ 存储到 $B$ 中。

Step 9：使用适应度函数评估新的资源组合方案 $R = \{r_1, r_2, r_3, \cdots, r_N\}$。

Step 10：如果方案 $R$ 优于 $B$，则根据第 7.3.4 节提出的方法将 $R$ 转化为二进制表示 $RX$，并将 $RX$ 存储到 $B$ 中。设置 $t = 0$，根据 $RX$ 初始化量子染色体群体，然后进行 Step 6；否则进行 Step 8，直到达到迭代次数 $K_2$。

如果二进制方案集中 $P(t)$ 任一个 $X$ 超出了候选资源的数量，则同样采用如图 7-7 所示修复方式进行调整。

---

Repair ($X$)

Step 1：根据第 7.3.4 节，二进制方案 $X$ 被翻译为十进制字符串 $R = \{r_1, r_2, r_3, \cdots, r_N\}$.

Step 2：如果 $r_j = 0$ 则设置 $r_j = 1$；否则如果 $r_j > M_j$ $(j = 1, 2, 3, \cdots, N)$ 则设置 $r_j = M_j$.

---

**图 7-7   $P(t)$ 修复方法**

## 7.3.4   量子编码与解码

根据定义 1，一个制造网格工作流为 $T = \{ST_1, ST_2, ST_3, \cdots, ST_N\}$，$N$ 是制造任务的数目，$ST_j (j = 1, 2, \cdots, N)$ 表示第 $j$ 个任务，$M_j$ 是可以满足任务 $ST_j$ 需求的候选资源数量。

$r_j (1 \leqslant r_j \leqslant M_j)$ 表示为完成任务 $ST_j$ 的候选资源序号，因此，$R = \{r_1, r_2, r_3, \cdots, r_N\}$ 表示一个执行工作流 $T$ 的资源组合方案。把十进制的 $M_j$ 和 $r_j$ 分别转化为二进制。需要说明的是，$M_j$ 和 $r_j$ 两者对应的二进制位数必须相等。若 $r_j$ 的二进制位数小于 $M_j$ 的，则需在前面补"0"。然后，将序号 $r_j$ 的二进制数按顺序组合成一个二进制字符串。为了更清晰地说明这一过程，举例说明如下（表 7-2）：

资源组合方案 $R = \{r_1, r_2, r_3, r_4, r_5\} = \{3, 2, 3, 2, 1\}$，其二进制表达式为 $X = \{011010110010001\}$。其中 5 个候选资源序号的二进制长度分别为

3，3，2，4 和 3。因此，量子染色体的长度为 3 + 3 + 2 + 4 + 3 = 15，也就是说它包括 15 个量子比特，能代表 $2^{15}$ 种状态，这就是"量子编码"。反之，给定 $\{M_j \mid j = 1, 2, \cdots, N\}$，可以从一个二进制字符串中解码为一个资源序号组合，这就是"量子解码"。量子编码与解码对于评估 $P(t)$ 是很重要的前期工作。

从上面的例子可以看出，该方法具有动态性和灵活性。根据工作流中任务和各个候选资源的数量，该法可以简便地将资源组合方案编译成一个二进制式。

表 7 – 2　资源编码方法例子

| 子任务 | | $ST_1$ | $ST_2$ | $ST_3$ | $ST_4$ | $ST_5$ |
|---|---|---|---|---|---|---|
| $M_j$ | 十进制 | 5 | 6 | 3 | 8 | 4 |
| | 二进制 | 101 | 110 | 11 | 1000 | 100 |
| $r_j$ | 十进制 | 3 | 2 | 3 | 2 | 1 |
| | 二进制 | 011 | 010 | 11 | 0010 | 001 |
| 二进制方案 X | | 011 010 11 0010 001 | | | | |
| 量子个体的长度 | | $m = 3 + 3 + 2 + 4 + 3 = 15$ | | | | |

## 7.3.5　适应度函数设计

本书采用 6 个制造网格 QoS 属性作为资源调度方案的评价标准，即 $QoS = (T, C, Rel, Ma, Trust, FS)$。然而对于 $T$ 和 $C$ 来说，其值越高表示该资源越劣，对于 $Rel$，$Ma$，$Trust$ 和 $FS$，其值越高表示该资源越优良。因此需要对这些 QoS 参数进行归一化处理，具体来讲，由公式（7 – 5）来归一

化 $T(r_j)$ 和 $C(r_j)$ ，由公式（7-6）来归一化 $Rel(r_j)$ ，$Ma(r_j)$ ，$Trust(r_j)$ 和 $FS(r_j)$ 。

$$Scaled - value_j^{\Delta} = \begin{cases} \dfrac{Value_{max}^{\Delta} - Value_j^{\Delta}}{Value_{max}^{\Delta} - Value_{min}^{\Delta}}, & if Value_{max}^{\Delta} \neq Value_{min}^{\Delta} \\ 1, & otherwise \end{cases}$$

$$(7-5)$$

$$Scaled - value_j^{\Delta} = \begin{cases} \dfrac{Value_j^{\Delta} - Value_{min}^{\Delta}}{Value_{max}^{\Delta} - Value_{min}^{\Delta}}, & if Value_{max}^{\Delta} \neq Value_{min}^{\Delta} \\ 1, & otherwise \end{cases}$$

$$(7-6)$$

其中 $\Delta = \{T, C, Rel, Ma, Trust, FS\}$ ，$Value_j^{\Delta}$ 表示某一制造网格 QoS 参数的数值。例如，$T(r_j)$ ，$C(r_j)$ ，$Rel(r_j)$ ，$Ma(r_j)$ ，$Trust(r_j)$ ，$FS(r_j)$ 。$Value_{max}^{\Delta}$ 是所有候选资源集中某一类属性中的最大值，$Value_{min}^{\Delta}$ 是其中最小值。

经过归一化制造网格 QoS 参数后，制造网格资源调度算法问题可以转化为以下线性函数：

$$\max f(R) = \alpha \times Scaled - T(R) + \beta \times Scaled - C(R) + \gamma \times Scaled - Trust(R)$$

$$(7-7)$$

$$s.t. \begin{cases} FS(r_j) \geqslant FS_0, \forall j = 1, 2, 3, \cdots, N \\ Rle(r_j) \geqslant Rle_0, \forall j = 1, 2, 3, \cdots, N \\ Ma(r_j) \geqslant Ma_0. \forall j = 1, 2, 3, \cdots, N \end{cases}$$

$$(7-8)$$

其中

$$
\begin{cases}
Scaled - T(R) = \sum_{j=1}^{N} Scaled - value_j^T \Big/ N, \\[3ex]
Scaled - C(R) = \sum_{j=1}^{N} Scaled - value_j^C \Big/ N, \\[3ex]
Scaled - Trust(R) = \sum_{j=1}^{N} Scaled - value_j^{Trust} \Big/ N.
\end{cases}
$$

$\alpha, \beta, \gamma$ 是有用户自定义的各类参数的权重值，且 $\alpha + \beta + \gamma = 1$，$FS_0, Rel_0,$ $Ma_0$ 是工作流中任务需求的 $FS, Rel$ 和 $Ma$ 的最低值。

本书将 $T$、$C$ 和 $Trust - QoS$ 作为资源调度方案的评价标准，而 $FS$，$Rel$ 和 $Ma$ 作为其约束条件。为了考虑不等式（7-8）的影响，通常做法是采用惩罚函数的方式。然而这种方式需要设置一系列的权重。为了避免设置这些烦琐的权重值，本书将资源调度方案的适应度函数分为两个部分：一个是由式（7-7）表示的目标函数；二是由式（7-9）表示的约束违反函数。某一个资源调度方案 R 的约束违反函数可以由下式计算：

$$
\begin{aligned}
Violation(R) = \sum_{j=1}^{N} \left\{ \max\left[ 0, \frac{FS_0 - FS(r_j)}{FS_0} \right] \right\} + \sum_{j=1}^{N} \left\{ \max\left[ 0, \frac{Rel_0 - Rel(r_j)}{Rel_0} \right] \right\} \\
+ \sum_{j=1}^{N} \left\{ \max\left[ 0, \frac{Ma_0 - Ma(r_j)}{Ma_0} \right] \right\} \qquad (7-9)
\end{aligned}
$$

最后，本书根据式（7-7）和式（7-9）就可以判断资源调度方案的优劣了。表7-3 中所示的两种情况可以认为方案 $R_1$ 优于 $R_2$，其他情况则认为方案 $R_2$ 优于 $R_1$。

表 7-3 方案 $R_1$ 优于 $R_2$ 的两种情况

| 序号 | $Violation(\cdot)$ | $f(\cdot)$ |
|---|---|---|
| 1 | $Violation(R_2) > Violation(R_1)$ | N/A |
| 2 | $Violation(R_2) = Violation(R_1)$ | $f(R_1) > f(R_2)$ |

## 7.4 制造网格资源调度算法实验

本节将从收敛性、计算耗时和扩展性来验证所提算法的性能。另外，测试量子染色体数目的增加对算法性能的影响；最后比较原始量子进化算法与混沌量子进化算法的性能。采用 Matlab 语言编程，在 CPU 2.67GHz 和内存 6.00GB 的个人计算机上运行。

实验中设置的参数如下：量子染色体的数目 $n = 20$，适应度函数中权重分别为 $\alpha = 0.4, \beta = \gamma = 0.3$，混沌搜索初始变量 $x_0 = 0.6$。变量候选资源数目 $M_j$，任务数目 $N$，量子进化迭代次数 $K_1$，混沌迭代次数 $K_2$ 被分为三组，如表 7-4 所示。制造网格资源的 QoS 参数值在范围 $[0, 100]$ 内随机产生。例如，对于 Group 1，随机产生的 $T$、$C$ 和 $Trust$ 的值分别如表 7-5、表 7-6、表 7-7 所示。为了便于比较算法的性能，实验中将 3 组的任务数目 $N$ 统一的设置为 5，假设另 3 类 QoS 参数（$Rel$、$Ma$ 和 $FS$）不违反制造网格用户指定的最低要求。同时，为了减小量子进化中的随机性对算法性能比较的影响，每次实验重复进行 50 次，取其结果的平均值，如适应度值、计算耗时。

表7-4 三组算法参数

| 序号 | 图号 | 候选资源数量 | 量子染色体长度 | 其他 |
|---|---|---|---|---|
| Group 1 | Fig. 1，Fig. 2 | $M_1 = M_2 = M_3 = M_4 = M_5 = 10$ | $m = 4 \times 5 = 20$ | $N = 5$ |
| Group 2 | Fig. 3，Fig. 4 | $M_1 = M_2 = M_3 = M_4 = M_5 = 50$ | $m = 6 \times 5 = 30$ | $100 \leqslant K_1 \leqslant 1050$ |
| Group 3 | Fig. 5，Fig. 6 | $M_1 = M_2 = M_3 = M_4 = M_5 = 100$ | $m = 7 \times 5 = 35$ | $100 \leqslant K_2 \leqslant 1050$ |

表7-5 Group 1 中时间（*Time*）的参数

| Time Index \ Subtasks | $ST_1$ | $ST_2$ | $ST_3$ | $ST_4$ | $ST_5$ |
|---|---|---|---|---|---|
| 1 | 57.61（0.43）* | 33.04（0.68） | 1.79（1.00） | 67.82（0.33） | 43.48（0.58） |
| 2 | 50.73（0.50） | 25.94（0.75） | 96.65（0.03） | 80.54（0.20） | 33.08（0.68） |
| 3 | 32.58（0.69） | 39.99（0.61） | 85.45（0.15） | 32.87（0.68） | 43.99（0.57） |
| 4 | 90.80（0.09） | 38.28（0.63） | 24.80（0.77） | 82.53（0.18） | 96.08（0.04） |
| 5 | 68.11（0.32） | 89.54（0.11） | 95.06（0.05） | 99.98（0.00） | 56.26（0.45） |
| 6 | 53.70（0.47） | 2.18（0.99） | 75.15（0.25） | 21.73（0.80） | 19.12（0.82） |
| 7 | 82.00（0.18） | 38.61（0.63） | 91.69（0.08） | 77.21（0.23） | 17.63（0.84） |
| 8 | 19.03（0.82） | 68.48（0.32） | 92.14（0.80） | 5.67（0.96） | 68.51（0.32） |
| 9 | 33.06（0.68） | 21.82（0.79） | 29.30（0.72） | 89.40（0.11） | 22.90（0.79） |
| 10 | 78.20（0.22） | 72.04（0.28） | 33.82（0.67） | 60.76（0.40） | 79.95（0.20） |
| | $Value_{\max}^{T} = 99.98(0.00)$ | | $Value_{\min}^{T} = 1.79(1.00)$ | | |

表 7 - 6　Group 1 中成本（Cost）的参数

| Subtasks<br>Cost<br>Index | $ST_1$ | $ST_2$ | $ST_3$ | $ST_4$ | $ST_5$ |
|---|---|---|---|---|---|
| 1 | 79.11 (0.18) | 92.58 (0.04) | 31.69 (0.68) | 56.65 (0.42) | 29.87 (0.69) |
| 2 | 77.65 (0.20) | 4.14 (0.96) | 31.61 (0.68) | 9.01 (0.91) | 0.41 (1.00) |
| 3 | 33.79 (0.65) | 15.53 (0.84) | 92.86 (0.04) | 44.13 (0.55) | 76.79 (0.21) |
| 4 | 46.09 (0.53) | 68.62 (0.29) | 72.34 (0.25) | 0.57 (0.99) | 11.59 (0.88) |
| 5 | 93.02 (0.04) | 56.57 (0.42) | 84.91 (0.12) | 84.49 (0.13) | 37.02 (0.62) |
| 6 | 96.90 (0.00) | 2.78 (0.98) | 71.77 (0.26) | 88.09 (0.09) | 2.72 (0.98) |
| 7 | 94.53 (0.02) | 46.80 (0.52) | 67.01 (0.31) | 79.97 (0.18) | 8.52 (0.92) |
| 8 | 65.11 (0.33) | 3.88 (0.96) | 65.83 (0.32) | 58.07 (0.40) | 27.76 (0.72) |
| 9 | 33.48 (0.66) | 14.57 (0.85) | 5.95 (0.94) | 24.85 (0.75) | 76.83 (0.21) |
| 10 | 52.61 (0.46) | 35.59 (0.64) | 20.99 (0.79) | 66.13 (0.32) | 38.99 (0.60) |
| | $Value_{max}^C = 96.90(0.00)$ | | | $Value_{min}^T = 0.41(1.00)$ | |

表 7 - 7　Group 1 中 Trust（Trust - QoS）的参数

| Trust -<br>QoS<br>Index | $ST_1$ | $ST_2$ | $ST_3$ | $ST_4$ | $ST_5$ |
|---|---|---|---|---|---|
| 1 | 85.03 (0.88) | 11.19 (0.09) | 65.40 (0.67) | 94.45 (0.98) | 49.47 (0.50) |
| 2 | 50.38 (0.51) | 37.98 (0.38) | 42.28 (0.42) | 95.55 (0.99) | 95.45 (0.99) |
| 3 | 88.99 (0.92) | 45.54 (0.46) | 96.24 (1.00) | 63.00 (0.65) | 15.72 (0.14) |
| 4 | 89.33 (0.93) | 71.38 (0.74) | 29.47 (0.29) | 18.35 (0.17) | 81.36 (0.84) |
| 5 | 43.56 (0.44) | 72.27 (0.74) | 20.97 (0.20) | 67.83 (0.70) | 34.80 (0.35) |
| 6 | 66.26 (0.68) | 59.97 (0.61) | 27.41 (0.27) | 2.99 (0.01) | 9.35 (0.07) |
| 7 | 74.52 (0.76) | 74.74 (0.77) | 37.99 (0.40) | 22.78 (0.22) | 6.10 (0.04) |
| 8 | 18.18 (0.17) | 83.53 (0.86) | 86.37 (0.89) | 2.41 (0.00) | 10.94 (0.09) |
| 9 | 13.46 (0.12) | 7.13 (0.05) | 83.47 (0.86) | 19.84 (0.18) | 62.68 (0.64) |
| 10 | 15.94 (0.14) | 79.82 (0.83) | 52.16 (0.53) | 75.83 (0.78) | 24.49 (0.24) |
| | $Value_{max}^{Trust} = 96.24(1.00)$ | | | $Value_{min}^{Trust} = 2.41(0.00)$ | |

第一个实验验证混沌量子进化算法的有效性。首先采用 Group 1 的数据进行测试，量子计划迭代次数 $K_1$ 以 50 的增量从 100 到 1050，混沌搜索迭代次数 $K_2$ 以同样方式从 100 增加到 1050，其适应度函数值的变化情况如图 7 - 8 所示。显然，对于 Group 1 该算法从一开始就收敛于 0.79。同理，对于 Group 2 和 Group 3 该算法的收敛性分别如图 7 - 9、图 7 - 10 所示。为了更清楚地比较该算法的收敛性，非一般性地分别沿着图 7 - 8、图 7 - 9、图 7 - 10 中 $K_2 = 1000$ 轴切割，得到的三条曲折线如图 7 - 11 所示。从图 7 - 11 得知，当 $K_1 = 800$，950 时 Group 2 和 Group 3 分别开始收敛。以上实验结果说明混沌量子进化算法对各种数量级的资源调度方案是有效的。

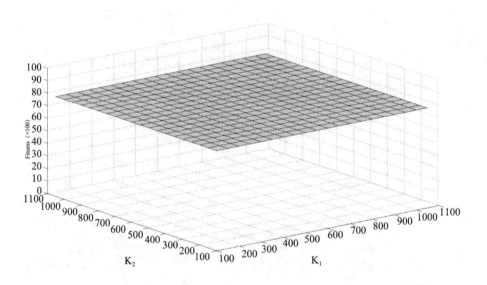

图 7 - 8　Group 1 中 Fitenss（×100）随迭代次数 $K_1$，$K_2$ 参数的收敛情况

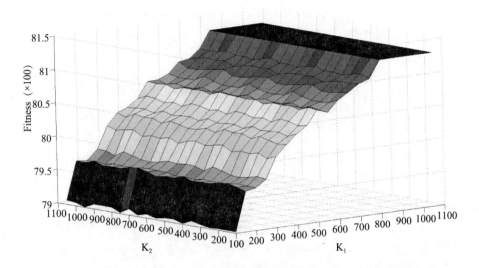

图 7 – 9　Group 2 中 Fitenss（×100）随迭代次数 $K_1$，$K_2$ 参数的收敛情况

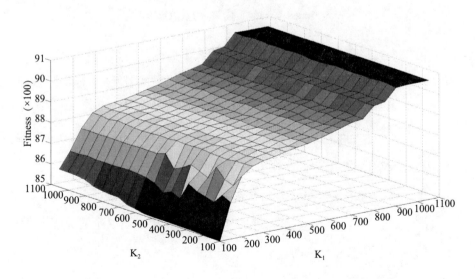

图 7 – 10　Group 3 中 Fitenss（×100）随迭代次数 $K_1$，$K_2$ 参数的收敛情况

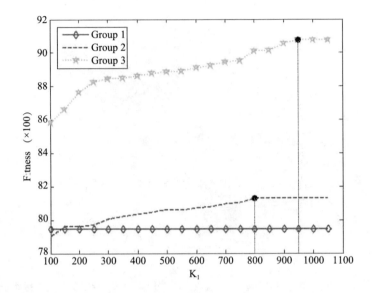

图 7 - 11　$K_2 = 1000$ 时 Group 1、Group 2、Group 3 中

Fitenss（×100）随 $K_1$ 的收敛情况

　　第二个实验验证混沌量子进化算法的效率。测试方法和参数与第一个实验相同。对 Group 1、Group 2、Group 3 算法所需的时间分别如图 7 - 12、图 7 - 13、图 7 - 14 所示。图 7 - 15 显示了 3 组例子的计算耗时比较情况。从图 7 - 15 中已知 Group 2、Group 3 的耗时远大于 Group 1，而 Group 2 和 Group 3 的耗时相差无几。该现象解释如下：对于 Group 2、Group 3 例子，量子染色体中量子比特个数远比 Group 1 要多，相差 10 位，而 Group 2 和 Group 3 的量子比特个数只相差 5 位。以上实验结果说明混沌量子进化算法对量子比特的位数是敏感的，资源编码越短，该算法的效率越高。

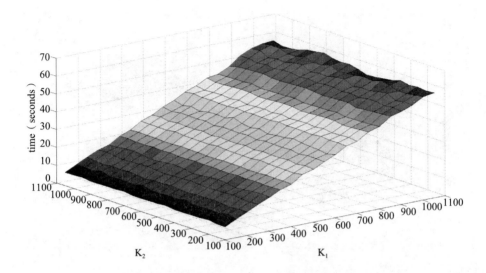

图 7 – 12　Group 1 随 $K_1$，$K_2$ 变化的算法耗时

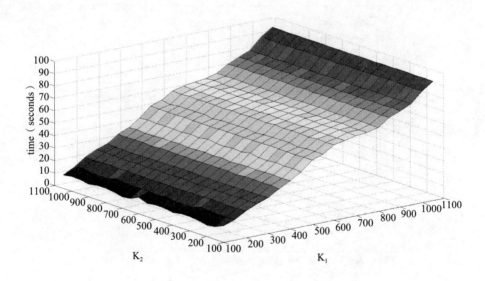

图 7 – 13　Group 2 随 $K_1$，$K_2$ 变化的算法耗时

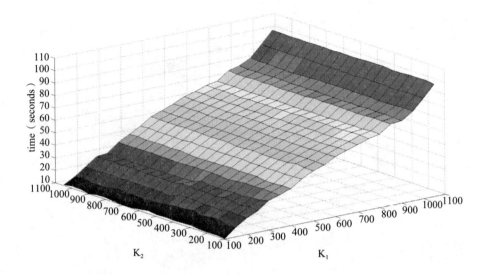

图 7 - 14   **Group 3 随 $K_1$ , $K_2$ 变化的算法耗时**

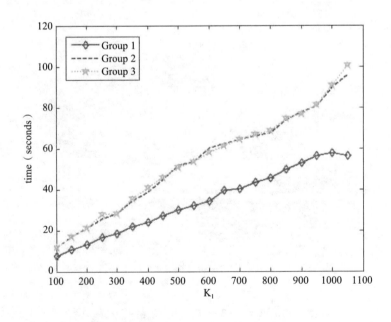

图 7 - 15   $K_2 = 1000$ **时 Group 1、Group 2、Group 3 中随 $K_1$ 变化的算法耗时**

第三个实验验证量子染色体个数对于算法性能的影响。当迭代次数 $K_1 = K_2 = 1000$，量子染色体个数从 5 增加到 25 时，资源调度方案的适应度函数变化情况如图 7 – 16 所示。已知，当量子染色体个数为 20 时就能达到 3 组例子中的最优方案，这也说明前面两个实验中采取的 $N = 20$ 是合适的。

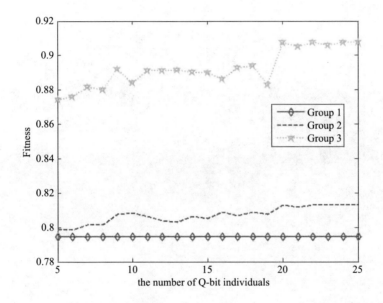

**图 7 – 16    $K_1 = K_2 = 1000$ 时 Group 1、Group 2、Group 3 中随量子**

**比特个数变化的计算耗时**

第四个实验比较原始量子进化算法与混沌量子进化算法。对 Group 2 和 Group 3 两组数据，原始量子进化算法的收敛性分别如图 7 – 17 和图 7 – 18 所示，其中 $K_3$ 表示实验的批次编号，每批实验由 50 次重复性实验组成，取其适应度均值作为此批次的适应度。从图 7 – 17 和图 7 – 18 看出有明显的波动，图 7-17 尤其明显。这是由于原始量子进化算法很容易陷于局部最优，导致适应度上下跳跃。相对应地，图 7-9 和图 7-10 显示曲面平和。这说明混沌搜索有助于量子进化算法跳出局部最优。

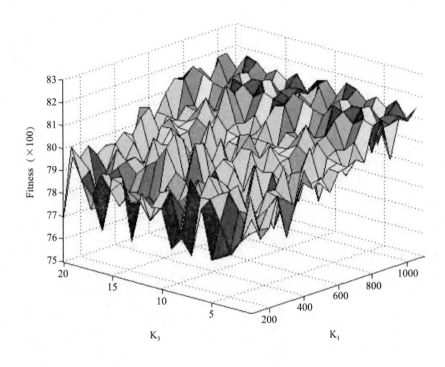

图 7-17　Group 2 中 Fitenss（×100）随迭代次数 $K_1$，$K_2$ 参数的收敛情况

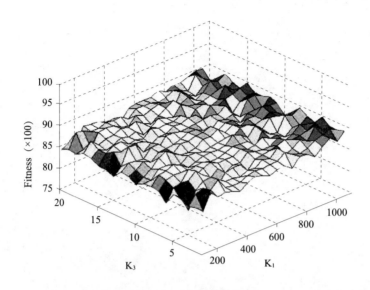

图 7 – 18　Group 3 中 Fitenss（×100）随迭代次数 $K_1$，$K_2$ 参数的收敛情况

## 7.5　本章小结

　　本章首先设计了制造网格工作流架构，并分析了 4 种工作流类型，作为资源调度的具体应用对象；其次提出了制造网格 QoS 层次体系结构，为资源调度提供保证和标准；最后，重点设计了基于混沌量子进化的制造网格资源调度算法，对其中的量子编码与解码、适应度函数设计、QoS 参数归一化做了创新的研究，并通过仿真实验验证了该算法的有效性和扩展性。

# 第八章
## 技术验证与应用实例

　　前面几章节从理论上对基于经济学的制造网格资源管理进行了重点研究，其中第三章注重对制造网格环境下资源管理中存在的经济现象和规律进行研究，揭示了经济学在制造网格资源管理中的迫切需求，后面几章节分别对资源管理中各个功能环节进行了详细的论述。本章在前面研究的基础上，在国家自然科学基金、湖北省数字制造重点实验室开发基金的支持下，开发了一个面向汽车零部件行业的制造网格资源管理实验系统。

# 8.1 系统开发背景与运行环境

## 8.1.1 系统开发目标

伴随着经济全球化的浪潮，世界汽车工业正朝着产业集中化、经营全球化、技术高新化、生产精益化，以及产品安全、节能和环保化的方向发展。在整车厂开发新产品时，汽车零部件企业通过参与同步开发，不仅可以减少整车厂家的人力和物力投入，而且可以缩短开发周期，同时可以与整车厂家形成紧密依存、协同作战的伙伴关系和群体优势。

系统开发的目的是搭建制造网格资源管理平台，有效利用现有标准的、开放的网格技术和 Web 服务技术，实现基于制造网格的汽车零部件企业之间的资源共享。同时对本章前面几章提出的基于经济学的制造网格资源管理理论，包括制造网格资源市场、资源交易、资源描述、资源发现、资源预留和资源调度进行具体实现和应用验证。利用该系统，实现面向汽车零部件行业的制造资源的信息动态注册、资源发现、资源订购的提交和接受等。

系统设计与开发的思想：在制造网格资源管理系统的基础上，以汽车零部件产业链中资源配置为核心，从资源交易流通的角度，对制造网格资源管理中的关键技术进行验证，探索制造网格环境下制造资源共享和制造能力集成的新模式。将分散在全球范围内的零部件供应商和优势资源通过网格服务的形式进行统一的封装，在全球范围内形成汽车产业资源配置系统，缩短了产品的研发周期和新产品的投放周期，使自身竞争能力得以提高。

## 8.1.2 系统开发环境与工具选择

在开发过程中，主要采用了以下开发环境和工具：

（1）RedHat Linux 9.0，Windows XP；

（2）Golbus Toolkit 4.0；

（3）Tomcat 5.0；

（4）Java CoG Kit 1.1，JDK1.5.0，JRE1.5.0；

（5）Eclipse3.2；

（6）Protégé_ 3.2_ bata，OWL Plugin；

（7）Jena 2.5；

（8）MySQL。

## 8.1.3 系统运行环境

1. 硬件环境

（1）服务器计算机：PⅤ3.0GHz 以上；

（2）客户端计算机：PⅢ2.0GHz 以上；

（3）网络环境：10M/100M 局域网。

2. 软件环境

（1）服务器：Windows 2000 Server（SP2 以上）；

（2）客户端：Windows 2000/Windows XP/Windows NT 和 Java 虚拟机。

## 8.2　系统开发与实现

### 8.2.1　系统实现功能及流程

为实现基于经济学的制造网格资源管理系统，首先设计该系统需要开发的活动功能模块，如图 8 - 1 所示。整个系统的开发包括但不限于本书研究的所有内容，功能主要包括：制造网格资源市场模块、本体库构建模块、权限管理模块、用户注册与登录模块、资源发布模块、资源发现模块、资源预留模块和资源调度模块。

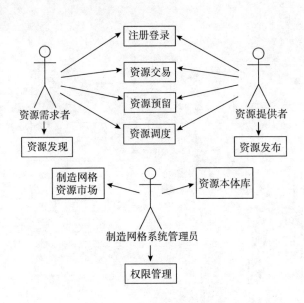

**图 8 - 1　制造网格资源管理系统中各操作者关系**

由图8-1可以看出，制造网格资源管理系统中包括3种操作者，即资源提供者、资源需求者和系统管理员，每种操作者在系统内完成的功能有交互的，也有各不相同的，下面逐一设计其活动流程。

1. 资源需求者活动模型

资源需求者进入资源管理系统，经身份验证后，方可进行查询及修改个人信息（包括修改密码、修改联系方式、绑定银行账户、查询以往交易信息等）、资源搜索等操作。一旦输入资源搜索条件，则系统返回处理结果。如果资源需求者不满意输出的结果，可以重新修改条件返回上一层操作；如果资源需求者满意显示结果中的资源，并进行选择确认后，便可进行下一步方案的综合评价，系统提供评价结果供决策者参考。若方案满足任务的需求，资源需求者可以进行订购相关资源交易程序，如图8-2所示。

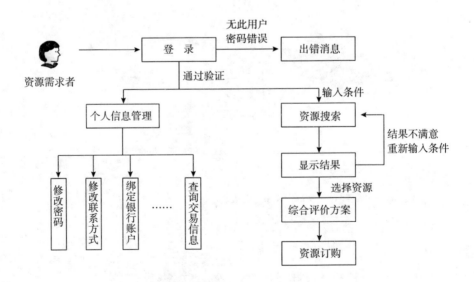

图8-2　资源需求者活动流程

### 2. 资源提供者活动模型

同资源需求者一样，资源提供者也需通过身份验证后，才可进行选择个人信息管理、订单管理、任务列队管理、资源发布和资源信息更新等管理操作。订单管理指的是接受资源需求者发出的资源订购请求，包括资源数量、价格、质量和批次等；任务队列管理指的是资源提供者按照各自策略安排任务执行顺序，保证制造网格 QoS，如图 8 – 3 所示。

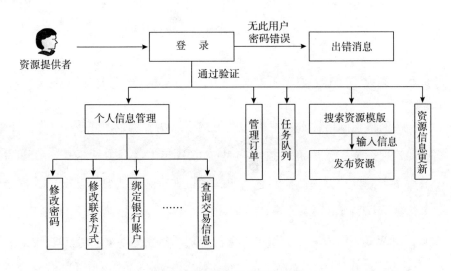

**图 8 – 3　资源提供者活动流程**

### 3. 系统管理员活动模型

资源管理系统管理员主要负责网格系统各种用户的权限管理及分配，维护制造网格资源市场、处理用户反馈意见和特殊要求，维护和更新制造资源本体库，接收到新的资源本体时进行及时的处理，如图 8 – 4 所示。

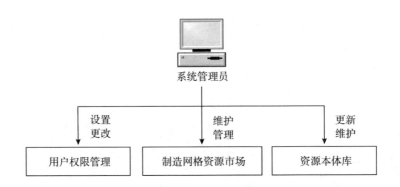

图 8-4　系统管理员活动流程

## 8.2.2　系统实现框架

制造网格是网格技术在制造行业的典型应用。从技术实现上，制造网格资源管理系统应采用网格技术和 Web 服务技术，因为网格技术在朝着 Web 服务方向发展，因此他们之间的联系也变得越来越紧密。开放式网格服务体系（Open Grid Services Atchitecture，OGSA）是网格服务体系结构的标准，而 WSRF 作为一个全面的网格服务技术规范集合，继承和扩展了开放网格服务基础设施（Open Grid Services Infrastructure，OGSI）而成为网格协议标准。来源于 Globus 项目的 Globus Toolkit 4.0[123]（GT4）是 WSRF 最新的参考实现。Globus Toolkit 工具包是一个开放源码的网格基础平台，基于开放结构、开放服务资源和软件库，并支持网格和网格应用，目的是为构建网格应用提供中间件服务和程序库，具有较为统一的国际标准，有利于整合现有资源，也易于维护和升级换代。因此，本书采用 GT4 工具包作为基于经济学的制造网格资源管理系统的实现框架。

基于 GT4 的系统实现框架分为两个部分，即服务器端框架和客户端框

架[124]，分别如图 8 – 5 和图 8 – 6 所示。服务器端实现主要由 Apache AXIS[125]
提供的 Web 服务引擎和 Globus 的 GT4 容器组成。运行于 J2EE Web 容器的
Apache AXIS 用来处理各种 Web 服务行为，如 SOAP 消息请求/响应序列化
和反序列化、JAX – PRC 处理程序[126]和 Web 服务配置等。GT4 容器通过
唯一的实例句柄、实例资源库和全生命周期管理来管理有状态的 Web 服务
（即 WS – Resource）。客户端使用 JAX – RPC 客户编程模型和 AXIS 客户端
框架，同时提供许多帮助类，用于隐藏 OGSI 组件的各种细节，便于编程
人员开发。

值得注意的是，在图 8 – 5 中，客户可以利用服务工厂的 Creat Service
操作创建服务实例 Service Instance，其基本创建流程如图 8 – 7 所示。一旦
创建成功，服务工厂将返回网格服务定位器的信息，应用过程时客户就可
以利用它们对网格服务进行定位。

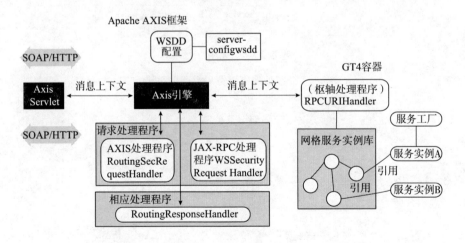

图 8 – 5  GT4 服务器端实现

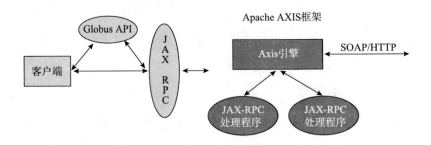

图 8 – 6　GT4 客户端实现

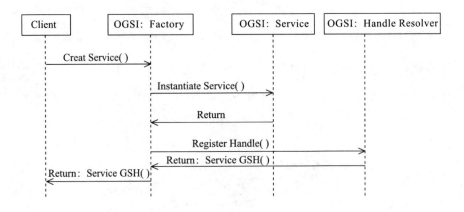

图 8 – 7　网格服务实例产生流程

# 8.3　应用实例

面向汽车零部件的制造网格资源管理系统（Auto Parts oriented MGrid Resource Management System，APOMGridRMS）的用户登录界面如图 8 – 8 所示。

**图 8 – 8　登录界面**

下面介绍 APOMGridRMS 资源管理功能，分别如下：

1. 制造网格用户注册

根据第 8.2 节系统开发流程，用户在通过系统验证后，登录进入资源
管理系统首页，如图 8 – 9 所示。首页上提供各种资源管理功能菜单和
APOMGridRMS 客户端工具下载。若没有账号，需先进行 APOMGridRMS 系
统的注册，分为 3 步，如图 8 – 10 所示，其中带 * 的是必填信息，提交后
系统将提示注册成功与否。

163

图 8-9　系统功能菜单

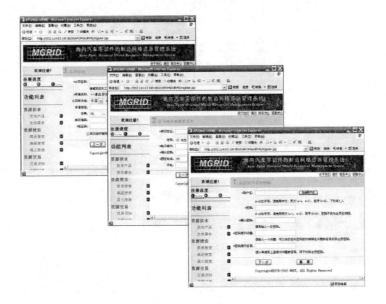

图 8-10　系统用户注册

2. 制造资源语义发布

APOMGridRMS 的语义发布功能是基于本体实现的。按照资源本体库中的设计，系统提供各类资源的发布模板，用户输入相应参数后，APOM-GridRMS 将其封装为该类型资源本体的实例（Instance），并存入 MySQL 数据库中。例如，图 8 – 11 是发布车床的资源本体模板。

**图 8 – 11　资源语义发布模板**

3. 制造资源搜索与竞拍

APOMGridRMS 提供两种搜索方式：快速搜索和高级搜索，如图 8 – 12 所示。系统返回结果如图 8 – 13 所示，带有天平标志符的资源表示资源提供者承诺了赔偿价格，用户可以选择资源列表排列方式，如价格最低优先、赔偿价格最高优先等。

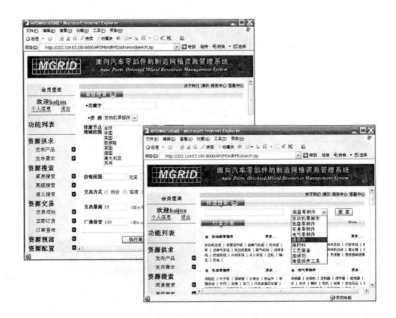

图 8 – 12  系统搜索功能

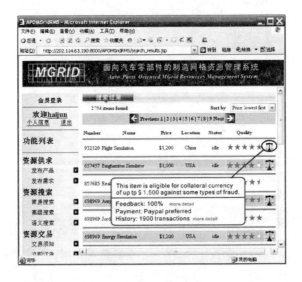

图 8 – 13  系统搜索结果

4. 制造资源预留

对于制造网格工作流，需要预留相应的资源予以调度。用户填写需求资源名称、调度时间计划和各种性能参数指标。例如，图 8 – 14 所示，APOMGridRMS 为工作流#3004 定义了资源预留编号 20090506，用户补充预留信息然后提交即可，并且可以为多个工作流提交预留请求，系统将返回结果。对于联合预留中的请求冲突，竞拍功能模块方便地资源需求者们为优先获取资源预留权而出价。例如，由于能提供 Φ16m 的数控齿轮机加工服务企业就比较少，需求者为获取其一定时段内的加工权而竞价，系统实时显示当前出价及竞价幅度值，如图 8 – 15 所示。

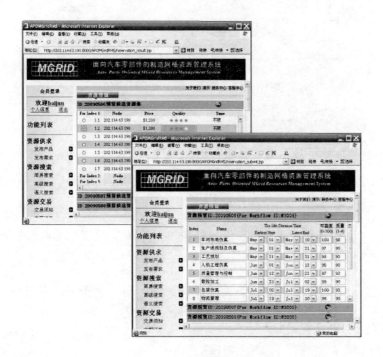

图 8 – 14　系统联合预留

**图 8 - 15  系统资源交易——竞拍**

### 5. 制造资源配置

在 APOMGridRMS 系统返回的候选资源集中，系统对其进行资源配置并提供给用户调度方案。当选择资源配置功能时，系统将提示用户确认操作资源配置功能。当用户确认执行后，系统后台将进行数据预处理，包括量子染色体前期处理、QoS 参数归一化等。系统提供算法参数设置和用户个人偏好的设置，此功能可以方便用户使用，系统提供默认值和相应说明。经过上述操作后，系统进行运算并返回结果，用户可以查看调度方案详细情况，如图 8 - 16 所示。

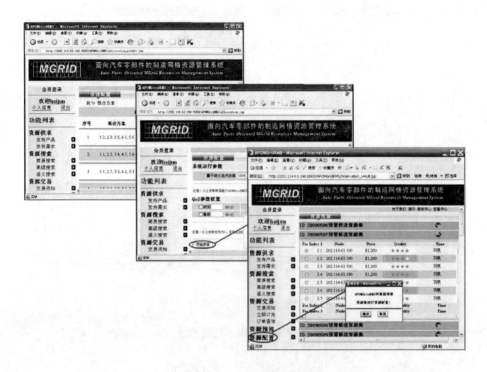

图 8 – 16　系统执行资源配置

6. 制造资源本体库开发

资源本体库是语义发布和匹配的基础，本书采用 Protégé 构建制造网格资源本体，并存储于 MySQL 数据库中。图 8 – 17 所示的是根据第 2.1 节资源分类设计的制造网格资源语义关系图，图 8 – 18 所示的是 5.1.3 节中机床设备属性的本体实现，并导入 MySQL 数据库中（见图 8 – 19）。

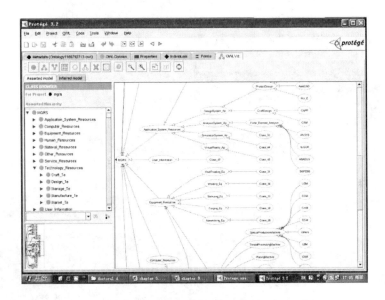

图 8－17　制造网格资源本体构建

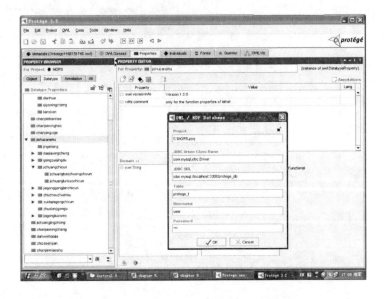

图 8－18　制造网格资源本体导入数据库

```
mysql> describe protege_t;
+---------------+--------------+------+-----+---------+-------+
| Field         | Type         | Null | Key | Default | Extra |
+---------------+--------------+------+-----+---------+-------+
| frame         | int(11)      | NO   |     |         |       |
| frame_type    | smallint(6)  | NO   |     |         |       |
| slot          | int(11)      | NO   |     |         |       |
| facet         | int(11)      | NO   |     |         |       |
| is_template   | bit(1)       | NO   |     |         |       |
| value_index   | int(11)      | NO   |     |         |       |
| value_type    | smallint(6)  | NO   |     |         |       |
| short_value   | varchar(255) | YES  |     | NULL    |       |
| long_value    | mediumtext   | YES  |     | NULL    |       |
+---------------+--------------+------+-----+---------+-------+
```

**图 8－19　数据库中本体数据结构**

## 8.4　本章小结

针对前几章的主要研究内容和关键技术，本章对其中的关键技术进行了实现和验证。首先，介绍了本书开发的制造网格资源管理系统所应用的背景，设计了系统功能的实现流程，给出系统开发工具；其次，基于GT4.0 工具包，介绍了系统平台的服务器端框架和客户端实现框架；最后，给出了制造网格资源管理系统的部分功能实现和典型界面。

# 第九章

## 结论与展望

## 9.1 工作总结

目前，制造网格的研究集中在制造网格体系结构、制造资源封装、信息管理、服务质量、信息安全和网格技术在各制造行业中应用方面。现有的制造网格系统多数是为了学术研究而开发的，强调的是资源的共享和协同合作，而对制造网格资源管理与共享过程中经济关系理论与技术的研究不足，不能体现制造网格资源合理的经济价值，也不能保障制造网格用户的经济效益。具体包括：①没有系统分析制造网格资源管理对经济学的需求；②制造网格系统中的资源如何交易，价格如何协商？③如何保证在资源交易过程中资源提供者提供信息（即资源质量描述）的真实性；④制造网格系统中的用户如何语义化地描述所拥有的制造资源或服务？⑤如何在资源数量极大的制造网格系统中高效地发现有用资源？⑥如何根据任务需求，实现资源预留服务？为保证用户提交的任务顺利执行，特别是针对需求稀缺资源或者优质资源时，制造网格资源管理必须做好预留服务；⑦如何对所搜索到的资源集合进行组合评估，从而保证制造网格 QoS 的需求？

本章针对以上制造网格资源管理中存在的问题，提出了基于经济学的制造网格资源管理整体解决方案，分析了资源管理过程中所要解决的制造网格资源语义化描述、制造网格资源服务发现、制造网格资源交易诚信机制、制造网格资源预留、制造网格资源调度关键技术和相关理论问题，提出了这些问题的解决方案。本章的主要工作内容和研究成果归纳如下：

1. 设计了制造网格资源管理体系架构

阐述了制造网格资源的特点和制造网格资源管理目标；具体分析了制造网格资源的几种管理功能（描述、发现、交易、预留、调度），并将此作为本章后续章节的具体研究对象；研究了各种网格资源管理策略，提出了制造网格资源管理应采用分布式的结论；设计了制造网格资源管理体系架构予以支持资源管理功能的实现，该架构按层次结构设计，具体包括：构造层、核心中间件层、公共服务层、制造服务层、制造应用层。

2. 从经济学角度分析了资源管理的功能需求

研究了制造网格中所包含的经济学内涵，包括个人效用最大化、有限理性、消费需求多样化、机会主义倾向、范围经济、市场理论、帕累托最优；分析了制造网格市场特征；建立了制造网格资源市场模型；设计了基于经济学的制造网格资源管理框架；建立了 4 种常用的制造网格市场交易模型（商品市场模型、招标模型、拍卖模型和议价模型），并提出资源交易流程。

3. 提出了一种制造网格资源交易诚信机制

提出了基于精炼贝叶斯均衡的制造网格资源交易诚信机制，对该机制进行了建模、求解和分析；对该诚信机制进行了仿真实验和结果数据分析，用来验证该机制的有效性。

4. 提出了一种制造网格资源预留机制与算法

提出了制造网格资源预留全生命周期（包括 9 种状态）；分析了 3 种网格资源预留模式；设计了制造网格资源联合预留架构；给出了资源联合预留协商流程和通信 API；重点设计了基于图论的制造网格资源联合预留算法，并对该算法进行性能测试分析。

5. 提出了基于混沌量子进化的制造网格资源调度算法

提出了制造网格 QoS 的层次结构模型；设计了混沌量子进化算法并用该方法对满足 QoS 约束的制造网格资源调度进行研究；给出了量子编码与解码规则，QoS 参数归一化方法；同时设计了适应度函数与惩罚函数。最后，对所提出资源调度算法进行了仿真实验，结果表明能有效提高制造网格资源管理中调度的效率，保障制造网格系统的安全性与实用性。

6. 开发了制造网格资源管理系统实验平台

本书采用理论研究与实际应用相结合的方式，不仅从理论上对制造网格资源管理系统各个功能进行了研究，同时以汽车零部件产业为应用对象，尝试在该平台上实现汽车零部件的生产采购、销售及售后服务等主要环节，打破了地域界限在全球范围内配置资源。通过在实际中的应用效果，不断对所建立的制造网格资源管理理论进行修正，同时不断完善实验平台的功能，保证了其实用性。

## 9.2　工作展望

为了深刻认识制造网格的经济价值，本书围绕制造网格资源管理问题，对其涉及的经济学理论进行了一些探索性的研究工作。将制造网格资源管理细分为：资源描述、资源发现、资源交易、资源预留和资源调度，并对每个资源管理功能提出创新的理论与解决方案。最后通过实例研究和实验系统初步验证了本书提出的基于经济学的制造网格资源管理理论的实用性和有效性。然而制造网格是一个复杂的系统，其研究目前还处于探索阶段，理论研究还很不完善，与应用相结合的关键技术也未引起重视（如电子支付、系统设计时需考虑的用户心理因素等）。限于作者的知识结构、时间和研究经验，本书的研究工作在深度上尚有许多待进一步完善之处。结合建立制造网格的实际应用需求和对国内外相关领域的了解，作者认为制造网格相关理论与技术需要多学科专家、学者深入的研究，同时也需要政府、司法界、工业界的关心和支持，以下列举几个方面有待进一步研究：

（1）制造网格环境下供应链的研究：传统的供应链处于分离状态，各企业或用户不愿意与他人分享相关敏感信息，其驱动力是顾客变化的需求或上一级供应商的订货量。由于人类理性行为的结果，供应链中各成员只是从自己的目标出发，缺乏对供应链外部环节影响因素的考虑，从而导致供应链的局部最优，而对于供应链整体（即整个行业）却并非是最优结果。制造网格的实施是全球化经济的需求，利用网格技术的优势，压缩供应链中各环节的时空、提供便捷的交互功能，使供应链的各个环节有机地集成起来、无延迟的信息流通。

（2）制造网格系统心理学研究：制造网格系统最终面向的是各类制造用户，因此制造网格实施的过程中也必须考虑用户的心理因素。例如，一般情况下，资源需求者有着自己独特的策略，不愿意遍历整个系统的资源信息空间来寻找所需的资源，而是时常参考或采用以前有过使用经历的资源节点，特别是有着愉快合作经验的企业。这些应用中才出现的特征明显不同于制造网格研究者和设计者的直觉。制造网格系统除了需提供完善的、稳定的各种资源管理功能外，实施过程中还必须考虑功能操作的形式和方式，帮助用户减少交互的时间和负荷。

（3）本书研究内容的完善：本书提出的制造网格资源交易模型、资源描述、资源发现、资源预留和调度管理理论和方法需进一步完善，特别是资源交易还需要安全技术、法律法规等各方面的支持，资源本体的建立也不是一朝一夕能完成的，是一个长期而又艰巨的工作。结合智能体技术，将资源管理功能封装为多个 Agent。例如，信息服务 Agent 帮助用户实施"智能"决策和匹配功能；语义服务 Agent 向信息服务 Agent 提供语义推理支持；资源封装 Agent 用于描述、封装各种制造资源服务等。进一步研究多 Agent 之间的协商策略。例如，基于合同网、市场机制、博弈论、计划和人工智能协商策略的资源交易 Agent，从而提高制造网格系统的模块化、灵活性、响应性及软件的可重用性。

# 缩写术语表

| ACA | Ant colony algorithm | 蚁群算法 |
|---|---|---|
| API | Application programming interface | 应用程序编程接口 |
| APOMGridRMS | Auto parts oriented manufacturing grid resource management system | 面向汽车零部件的制造网格资源管理系统 |
| AR | Advance reservation | 提前预留 |
| CAD | Computer aided design | 计算机辅助设计 |
| CAE | Computer aided engineering | 计算机辅助工程 |
| CSSA | Control system simulation and analysis | 控制系统仿真和分析 |
| GARA | General – purpose architecture for reservation and allocation | 通用预留和配置架构 |
| GRAAP – WG | Grid resource allocation agreement protocol working group | 网格资源分配协议工作组 |
| GRACE | Grid architecture for computational economy | 计算经济网格架构 |
| GRIP | Grid resource information protocol | 网格资源信息协议 |

| GRRP | Grid resource register protocol | 网格资源注册协议 |
|---|---|---|
| GT | Globus Tookit | Globus 工具包 |
| I/O | Input/Output | 输入/输出 |
| LRA | Local reservation agent | 本地资源预留代理 |
| MAS | Mechanics analysis and simulation | 机构仿真和分析 |
| MFSA | Magnetic field simulation and analysis | 磁场仿真和分析 |
| MGCR_ Graph | Manufacturing grid co – reservation graph | 制造网格联合预留无向图 |
| MGG | Manufacturing grid graph | 制造网格拓扑图 |
| MGIIS | Manufacturing grid index information server | 制造网格索引信息服务 |
| MGR_ Graph | Manufacturing grid resource graphics | 制造网格资源无向图 |
| MGRS | Manufacturing grid resources | 制造网格资源 |
| MGRIS | Manufacturing grid resource information service | 制造网格资源信息服务 |
| OGSI | Open Grid Services Infrastructure | 开放网格服务基础设施 |
| OWL | Ontology Web Language | 本体服务语言 |
| PDM | Product data management | 产品数据管理 |
| RB | Resource broker | 资源代理 |
| RSDRB | Grid resource broker for resource & service demanders | 资源服务需求者方的网格资源代理 |
| RSPRB | Grid resource broker for resource & service providers | 资源服务提供者方的网格资源代理 |
| RSS | Resource service set | 候选资源服务集 |
| SG | Single graph | 单个节点集 |
| SPD | Structure parameterized design | 结构参数设计 |
| SSL | Secure socket layer | 安全套接层协议层 |
| ST | Sub – task | 子任务 |
| TFSA | Temperature field simulation and analysis | 温度场仿真和分析 |
| TM | Trade manager | 交易管理器 |
| TQCSE | Time, quality, cost, service, environment | 时间，质量，成本，服务，环境 |
| TR | Task resources | 制造网格工作流 |

| | | |
|---|---|---|
| TTL | Time to Live | 存活时间 |
| IRD | Immediate reservation with deadline | 有期限的即时预留 |
| IRND | Immediate reservation with no deadline | 无期限的即时预留 |
| UDDI | Universal description discovery and integration | 统一描述、发现和集成 |
| UML | Unified modeling language | 统一建模语言 |
| VO | Virtual organization | 虚拟组织 |
| WSRF | Web Service Resource Framework | Web 服务资源框架 |

# 参考文献

------------------------------

[1] Camarinha-Matos L M, Pantoja-Lima C. Towards an execution system for distributed business in a virtual enterprise [C]. Proceedings of the 8th International Conference on High Performance Computing and Networking. London: Springer-Verlag, 2000, 149 – 162.

[2] 王爱民, 范莉娅, 肖田元, 等. 面向制造网格的应用平台及虚拟企业建模研究 [J]. 机械工程学报, 2005, 41 (2): 176 – 181.

[3] Tao Fei, Hu Yefa, Zhou Zude. Study on Manufacturing Grid & Its Executing Platform [J]. International Journal of Manufacturing Technology and Management, 2008, 14 (1 – 2): 35 – 51.

[4] Fan Y S, Zhao D Z. Manufacturing grids: needs, concept, and architecture [C]. GCC 2003, LNCS 3032. Heidelberg, Berlin: Springer – Verlag, 2004, 1653 – 1656.

[5] 范玉顺, 刘飞, 祁国宁. 网络化制造系统及其应用实践 [M]. 北京: 机械工业出

180

版社, 2003.

[6] Sutherland E. A futures market in computer time [J]. Communications of the ACM, 1968, 11 (6): 449 – 451.

[7] Ferguson D, Nikolaou C, Sairamesh J, et al. Economic models for allocating resources in computer systems [M]. Market-Based Control: A Paradigm for Distributed Resource Allocation, 1996, 156 – 183.

[8] Waldspurger C, Hogg T, Huberman B, et al. Spawn: A distributed computational economy [J]. IEEE Transactions on Software Engineering, 1992, 18 (2): 103 – 117.

[9] Bogan N R. Economic Allocation of Computation Time with Computation Markets [C]. MIT Laboratory for Computer Science Technical Report 633, August, 1994.

[10] Wolski R, Plank J, Brevik J, et al. Analyzing Market-based Resource Allocation Strategies for the Computational Grid [J]. International Journal of High performance Computing Applications, 2001, 15 (3): 258 – 281.

[11] Subramoniam K, Maheswaran M, Toulouse M. Towards a Micro-Economic Resource Allocation in Grid Computing Systems [C]. The IEEE Conference on Electrical and Computer Engineering, 2002, 782 – 785.

[12] Chen C, Maheswaran M, Toulouse M. Supporting co-allocation in an auctioning based resource allocator for Grid systems [C]. The 16th International Parallel and Distributed Processing Symposium, 2002, 306 – 314.

[13] 曹鸿强, 肖侬, 卢锡城, 等. 一种基于市场机制的计算网格资源分配方法 [J]. 计算机研究与发展, 2002, 39 (8): 913 – 916.

[14] Gomoluch J, Schroeder M. Market-based Resource Allocation for Grid Computing: A Model and Simulation [C]. Proceedings of the 1st International Workshop on Middleware for Grid Computing, 2003.

[15] Rajkumar Buyya, David Abramson, Jonathan Giddy. An Economy Driven Resource

Management Architecture for Global Computational Power Grids [C]. The 2000 International Conference on Parallel and Distributed Processing Techniques and Applications, Las Vegas, USA, June 26 – 29, 2000.

[16] Rajkumar Buyya. Economic-based distributed resource management and scheduling for grid computing [D]. Monash University, Melbourne, Australia, 2002.

[17] Rajkumar Buyya, David Abramson, Jonathan Giddy, et al. Economic models for resource management and scheduling in Grid computing [J]. Concurrency and computation: Practice and Experience, 2002, 1507 – 1542.

[18] Rajkumar Buyya, Manzur Murshed, David Abramson, et al. Scheduling parameter sweep application on global Grid: a deadline and Budget constrained cost-time optimization algorithm [J]. International Journal of Software: Practice and Experience, 2005, 35 (5): 491 – 512.

[19] David Abramson, Rajkumar Buyya, Jonathan Giddy. A computational economy for grid computing and its implementation in the Nimrod – G resource broker [J]. Future Generation Computer Systems, 2002, 18 (8): 1061 – 1074.

[20] Rajkumar Buyya, David Abramson, Jonathan Giddy. Grid resource management, scheduling and computational economy [C]. The 2nd Workshop on Global and Cluster Computing, March 15 – 17, 2000.

[21] Regev O, Nisan N. The Popcorn market – an online market for computational resources [C]. The First International Conference on Information and Computation Economies, 1998, 148 – 157.

[22] Shmulik London. POPCORN – A Paradigm for Global-Computing [D]. Jerusalem: The Hebrew University of Jerusalem, 1998.

[23] Marinescu D, Boloni L, Hao R, et al. An Alternative Model for Scheduling on Grid [C]. The 13th International Symposium on Computer and Information Sciences, IOP

Press, 1998.

［24］都志辉．网格计算：是宏伟蓝图还是海市蜃楼．http：www. gridhom. com.

［25］张进，宫生文，王宁．基于计算经济的制造网格资源管理研究［J］．计算机时代，
2007，7：36 – 38.

［26］孙海洋，俞涛，刘丽兰．制造网格中的利益分配研究［J］．组合机床与自动化加
工技术，2007，9：110 – 112.

［27］Wu Lei, Meng Xiangxu, Tong Yexin. et al. A trading supported manufacturing resource
sharing model for manufacturing grid［C］. Proceedings of the Ninth International Con-
ference on Computer Supported Cooperative Work in Design, 2005, 339 – 344.

［28］Lu Sheng, Zhou Yongli, Cao Xiaoli. et al. Study on economic architecture for resource
management for MG based on beneficial drive［C］. International Conference on Wire-
less Communications, Networking and Mobile Computing, 2007, 3411 – 3414.

［29］Lu Sheng, Zhou Yongli, Cao Xiaoli. et al. A New Economics Architecture for Manufac-
turing Grid［C］. Proceedings of Third International Conference on Natural Computation,
2007, 720 – 724.

［30］Perrone Giovanni, Amico Michele, Lo Nigro Giovanna, et al. Long term capacity deci-
sions in uncertain markets for advanced manufacturing systems incorporating scope econ-
omies［J］. European Journal of Operational Research, 2002, 143（1）：125 – 137.

［31］Charles Handy. The Empty Raincoat［M］. London：Century Press, 1995.

［32］Arvind Parkhe. Understanding trust in international alliances［J］. Journal of world busi-
ness, 1998, 33（3）：219 – 241.

［33］Morgan R, Hunt S D. The commitment-trust theory of relationship marketing［J］. Jour-
nal of Marketing, 1994, 58：20 – 38.

［34］许淑君，马士华．供应链企业间的信任机制研究［J］．工业工程与管理，2000，6：
5 – 8.

[35] 鲍升华. 虚拟企业中如何建立伙伴信任关系 [J]. 统计与决策, 2002, 8: 45.

[36] 张维迎, 柯荣住. 信任及其解释: 来自中国的跨省调查分析 [J]. 经济研究, 2002, 10: 59 - 96.

[37] Resnick P, Zeckhauser R. Trust among strangers in Internet transactions: Empirical a-nalysis of eBay's reputation system [C]. The Economics of the Internet and E-Com-merce, Amsterdam: Elsevier Science, 2002: 127 - 157.

[38] Cornelli F, Damiani E, Vimercati S, et al. Choosing reputable servents in a P2P net-work [C]. Proceeding of the 11th International WWW Conf. Hawaii: ACM Press, 2002. 376 - 386.

[39] 倪中华, 江勇. 面向网络化制造的动态自组织制造资源模型的研究 [J]. 中国机械工程, 2004, 15 (20): 1823 - 1826.

[40] 张人勇, 徐晓飞, 王刚. UML - XML 集成的敏捷虚拟企业资源建模方法 [J]. 中国机械工程, 2003, 14 (5): 395 - 398.

[41] 石胜友, 莫蓉, 杨海成, 等. 制造网格环境下的资源建模研究 [J]. 计算机工程与设计, 2006, 27 (16): 2925 - 3027.

[42] 贺文锐, 何卫平. 基于 Web Services 的网络化制造资源管理的关键技术研究 [J]. 计算机集成制造系统, 2004, 10 (11): 1382 - 1388.

[43] 黄艳丽, 张平, 宋宁, 等. 制造网格资源的描述方法研究 [J]. 机电工程技术, 2009, 3: 62 - 64.

[44] Moreno Marzolla, Matteo Mordacchini, Salvatore Orlando. Resource Discovery in Dy-namic Grid Environment [C]. 16th International Workshop on Database and Expert Sys-tems Applications, 2005, 356 - 360.

[45] Noorisyam Hamid, Fazilah Haron, Chan Huah Yong. Resource Discovery Using Page Rank Technique in Grid Environment [C]. 6th IEEE International Symposium on Clus-ter Computing and the Grid, 2006, 135 - 138.

[46] Yan Zhang, Yan Jia, Xiaobin Huang. et al. A Scalable Method for Efficient Grid Resource Discovery [C]. 4th International Conference on Cooperative Design, Visualization, and Engineering, 2007, 97 – 103.

[47] Trunfio P, Talia D, Papadakis H, et al. Peer-to-peer Resource Discovery in Grids: Models and Systems [J]. Future Generation Computer Systems, 2007, 23 (7): 864 – 878.

[48] 温浩宇, 任小龙, 徐国华. 制造网格的搜索算法研究 [J]. 中国机械工程, 2004, 15 (22): 2014 – 2017.

[49] Foster I, Kesselman C, Lee C, et al. A distributed resource management architecture that supports advance reservations and co – allocation [C]. Proceeding of the 7th International Workshop on Quality of Service, 1999, 13: 27 – 36.

[50] Foster I, Roy A, Sander V. A quality of service architecture that combines resource reservation and application adaptation [C]. Proceeding of the 8th International Workshop on Quality of Service, 2000, 181 – 188.

[51] Roy A. End-to-End quality of service for high-end application [D]. Chicago: University of Chicago, 2001.

[52] Roblitz T, Schintke F, Reinefeld A. Resource reservations with fuzzy requests [J]. Concurrency Computation Practice and Experience, 2006, 18 (13): 1681 – 1703.

[53] Kenyon C, Cheliotis G, Buyya R. Ten lessons from finance for commercial sharing of IT resources [C]. Peer-to-peer Computing: the Evolution of a Disruptive Technology. Zurich Switzerland: IRM Press, 2004.

[54] Ferrari D, Gupta A, Ventre G. Distributed advance reservation of real-time connections [C]. Lecture Notes in Computer Science, n 1018, 1995.

[55] 谢晓兰, 周德俭, 李春泉. SLA 的制造网格模糊资源预留技术研究 [J]. 中国机械工程, 2008, 19 (1): 64 – 68.

［56］刘丽兰, 俞涛, 施战备. 制造网格中服务质量管理系统的研究 ［J］. 计算机集成制造系统, 2005, 11 （2）: 284 – 288.

［57］刘丽兰, 俞涛, 施战备, 等. 自组织制造网格及其任务调度算法 ［J］. 计算机集成制造系统, 2003, 9 （6）: 449 – 455.

［58］刘丽兰, 俞涛, 施战备. 制造网格中基于服务质量的资源调度研究 ［J］. 计算机集成制造系统, 2005.

［59］刘海霞, 仁旺, 李学, 等. 基于遗传模拟退火算法的制造网格资源调度策略 ［J］. 计算机工程与应用, 2008, 44 （6）: 234 – 242.

［60］Tao Fei, Hu Yefa, Zhou Zude. Resource service composition and its optimal-selection based on particle swarm optimization in manufacturing grid system ［J］. IEEE Transactions on Industrial Informatics, 2008, 4 （4）: 315 – 327.

［61］李培根, 张洁. 敏捷化智能制造系统的重构与控制 ［M］. 北京: 机械工业出版社, 2003.

［62］Tao Fei, Hu Yefa, Ding Yufeng, et al. Resources publication and discovery in manufacturing grid ［J］. Journal of Zhejiang University （Science）, 2006, 7 （10）: 1676 – 1682.

［63］邵红李. 网格环境下由经济驱动的任务调度策略研究 ［D］. 青岛: 中国石油大学, 2008.

［64］李茂胜. 基于市场的网格资源管理研究 ［D］. 合肥: 中国科学技术大学, 2006.

［65］宋风龙. 基于经济原理的网格资源管理模型与策略研究 ［D］. 济南: 山东师范大学, 2006.

［66］周永利. 基于效益驱动的制造网格资源管理和调度问题研究 ［D］. 长沙: 国防科学技术大学, 2007.

［67］http: //www. wsmo. org.

［68］Li M, Santen P, Walker D W, et al. Portal Lab: A Web Services Oriented Toolkit for

Semantic Grid Portals［C］. The 3rd IEEE International Symposium on Cluster Compu-
ting and the Grid, Tokyo, Japan, 2003.

［69］http：//www. buaa. edu. cn/html/zzjg/gcxlzx/xuesukeyan/xuesujiaoliu/17. htm

［70］高鸿业. 西方经济学·微观部分［M］. 北京：中国人民大学出版社，2007.

［71］陶飞，胡业发，周祖德. 制造网格资源服务 Trust - QoS 评估及其应用［J］. 机械
工程学报，2007，43（12）：203 - 211.

［72］沈斌，刘丽兰，俞涛. 制造网格中基于 SLA 的资源管理模型研究［J］. 计算机应
用，2006，2（26）：512 - 514.

［73］陈禹. 信息经济学教程［M］. 北京：清华大学出版社，1998.

［74］陈友龙. 一种新型的差别规模经济. http：//lw23. com/paper_ 46298311.

［75］吕北生，石胜友，莫蓉，等. 基于市场均衡的制造网格资源配置方法［J］. 计算
机集成制造系统，2006，12（12）：2011 - 2016.

［76］刘丽，杨扬，郭文彩，等. 基于纳什均衡理论的网格资源调度机制［J］. 计算机
工程与应用，2004，29（40）：106 - 108.

［77］沈卫明，米小珍，郝琪. 多智能体技术在协同设计与制造中的应用［M］. 北京：
清华大学出版社，2008.

［78］Alexander Barmouta, Rajkumar Buyya. GridBank：A Grid Accounting Services Archi-
tecture（GASA）for Distributed Systems Sharing and Integration［C］. Proceedings of
the 17th Annual International Parallel and Distributed Processing Symposium, 2002,
22 - 26.

［79］奥利佛·威廉姆森，斯科特·马斯滕. 交易成本经济学［M］. 北京：北京人民出
版社，2009.

［80］张维迎. 博弈论与信息经济学［M］. 上海：上海人民出版社，1996.

［81］程广平. 基于博弈分析和信用中介的中小电子商务企业信用机制建立［D］. 天
津：天津大学，2006.

［82］罗伯特·吉本斯. 博弈论基础［M］. 高峰，译. 北京：中国社会科学出版社，1999.

［83］Subrata R, Zomaya Albert Y, Landfeldt B. Cooperative game framework for QoS guided job allocation schemes in grids［J］. IEEE Transactions on Computers, 2008, 57 (10): 1413 – 1422.

［84］李茂胜，杨寿保，付前飞，等. 基于赔偿的网格资源交易模型［J］. 软件学报，2006, 17 (3): 472 – 480.

［85］梁乃刚，张文，夏王红. 关于最佳质量成本模型的探讨［J］. 数理统计与管理，1992, 11 (1): 24 – 30.

［86］Uschold M, King M. Towards a methodology for building ontologies［C］. The 14th International Joint Conference on Artificial Intelligence Workshop on Basic Ontological Issues in Knowledge Sharing. Montreal, Canada, 1995.

［87］Gruninger M, Fox M S. Methodology for the design and evaluation of ontologies［C］. The 14th International Joint Conference on Artificial Intelligence Workshop on Basic Ontological Issues in Knowledge Sharing. Montreal, Canada, 1995.

［88］Bernaras A, Laresgoiti I, Corera J. Building and reusing ontologies for electrical network applications［C］. Proceeding of the 12th European conference on artificial intelligence, 1996, 298 – 302.

［89］Fernandez M, Gomez Perez A, Juristo N. METHONTOLOGY: From ontological art towards ontological engineering［C］. Proceeding of the American association for artificial intelligence spring symposium series on ontological engineering. Stanford, California, USA, 1997, 33 – 40.

［90］Knight K, Luk S. Building a large knowledge base for machine translation［C］. Proceedings of the American association for artificial intelligence conference. Seattle, USA, 1994, 185 – 190.

［91］ 黄汝维，苏德富．网格信息服务模型的研究［J］．计算机工程与科学，2004，26（11）：75－79．

［92］ Mastroianni C, Talia D, Verta O. A Super-peer Model for Building Resource Discovery Services in Grids: Design and simulation analysis［C］. European Grid Conference on Advances in Grid Computing, 2005: 132 – 143.

［93］ Marco Dorigo, Thomas Stützle. Ant Colony Optimization［M］. 北京：清华大学出版社，2007.

［94］ http://www.cs.bu.edu/BRITE

［95］ 袁逸萍，俞涛，方明伦．制造网格中基于服务的工作流研究［J］．中国机械工程，2006，17（11）：1148－1153.

［96］ 吴健，吴朝晖，邓水光，等．基于本体论和词汇语义相似度的 Web 服务发现［J］．计算机学报，2005，28（4）：595－602.

［97］ Tao Fei, Hu Yefa, Zhou Zude. Study on manufacturing grid & its resource service optimal-selection system［J］. International Journal of Advanced Manufacturing Technology, 2008, 9（37）：1022－1041.

［98］ 胡业发，张海军，陶飞，等．基于 OWL-S 的制造网格服务发现研究［J］．中国机械工程，2008，19（21）：2595－2600.

［99］ http://wordnet.princeton.edu.

［100］ http://www.keenage.com.

［101］ Agirre E, Rigau G. Word Sense Disambiguation Using Conceptual Density［C］. Proceedings of the 16th International Conference on Computational Linguistics, 1996, 16－22.

［102］ http://projects.semwebcentral.org/projects/owls－tc.

［103］ Kunrath L, Westphall C B, Koch F L. Towards advance reservation in large-scale grids［C］. The 3rd International Conference on Systems, 2008, 247－252.

［104］ MacLaren J. Advance Reservations：State of the Art. http：//www. ggf. org

［105］ Grid Resource Allocation Agreement Protocol. Global Grid Forum. https：//forge. gridforum. org/ projects/graap － wg.

［106］ Yang C T, Lai K C, Shih P C. Design and Implementation of a Workflow-based Resource Broker with Information System on Computational Grids ［J］. Journal of Supercomputing, 2009, 47 （1）：76 － 109.

［107］ Garey M R, Johnson D S. Computers and Intractability：A Guide to the Theory of NP Completeness ［M］. Freeman, 1979.

［108］ Messmer B T, Bunke Horst. Efficient Subgraph Isomorphism Detection：A Decomposition Approach ［J］. IEEE Transactions on Knowledge and Data Engineering, 2001, 2 （2）：307 － 323.

［109］ 杨文通, 王蕾, 刘志峰, 等. 数字化网络化制造技术 ［M］. 北京：电子工业出版社, 2004.

［110］ Shen Weiming, Wang Lihui, Hao Qi. Agent-based Distributed Manufacturing Process Planning and Scheduling：A State-of-the-art Survey ［J］. IEEE transactions on systems, man and cybernetics, 2006, 36 （4）：563 － 577.

［111］ Hu Hesuan, Li Zhiwu. Modeling and scheduling for manufacturing grid workflows using timed Petri nets ［J］. International Journal of Advanced Manufacturing Technology, 2009, 42：553 － 568.

［112］ 伍之昂, 罗军舟, 宋爱波. 基于 QoS 的网格资源管理 ［J］. 软件学报, 2006, 17 （11）：2264 － 2276.

［113］ Al-Ali R J, Shaikh Ali A, Rana O F, et al. Supporting QoS-based discovery in service-oriented grids ［C］. Proceedings of the 17th International Symposium on Parallel and Distributed Processing, 2003, 101 － 109.

［114］ He Xiaoshan, Sun Xianhe. von Laszewaki G. QoS guided min-min heuristic for grid task scheduling [J]. Journal of Computer Science and Technology, 2003, 18 (4): 442 – 451.

[115] Liu Lilan, Yu Tao, Shi Zhanbei, Fang Minglun. Resource management and scheduling in manufacturing grid [C]. GCC 2003 – 2004, 137 – 140.

[116] 陶飞, 胡业发, 周祖德. 基于 Trust-QoS 的制造网格资源服调度研究 [C]. 2007 机械工程全国博士生学术论坛, 2007.

[117] Feynmann R P. Simulating physics with computers [J]. International Journal of Theoretical Physics, 1982, 216 (7): 467 – 482.

[118] Feynmann R P. Quantum mechanical computer [J]. Found Physics, 1986, 16 (6): 507 – 531.

[119] Grover L K. A fast quantum mechanical algorithm for database search [C]. Proceedings of the 28th annual ACM symposium on theory of computing, 1996, 6: 212 – 219.

[120] John G. Vlachogiannis, Kwang Y L. Quantum-Inspired Evolutionary Algorithm for Real and Reactive Power Dispatch [J]. IEEE Transaction on Power System, 2008, 23 (4): 1627 – 1636.

[121] Han K H, Kim J H. Quantum-inspired evolutionary algorithm for a class of computation [J], 2002, 6 (6): 580 – 593.

[122] Chen L, Aihara K. Global searching ability of chaotic neural networks [J]. IEEE Transaction on Circuits Systems, 1999, 46 (8): 947 – 993.

[123] Foster I. Globus Toolkit Version 4: Software for Service-Oriented Systems [C]. International Conference on Network and Parallel Computing, 2005, 2 – 13.

[124] Joshy Joseph, Craig Fellenstein. 网格计算 [M]. 战晓苏, 张少华, 译. 北京: 清华大学出版社, 2005.

[125] http: //ws. apache. org/axis/.

[126] http: //java. sun. com/webservices/jaxrpc.